U0202664

自然之子

郑 蔚 著

少年儿童出版社

图书在版编目（CIP）数据

自然之子 / 郑蔚著. —上海：少年儿童出版社，2023
（少年读中国）
ISBN 978-7-5589-1626-7

Ⅰ. ①自… Ⅱ. ①郑… Ⅲ. ①自然保护区—野生动物—中国—青少年读物 Ⅳ. ① Q958.52-49

中国国家版本馆 CIP 数据核字（2023）第 039190 号

少年读中国
自然之子
郑 蔚 著

仙境设计 装帧

出版人 冯 杰
责任编辑 庞 冬 美术编辑 陈艳萍
责任校对 黄亚承 技术编辑 许 辉

出版发行 上海少年儿童出版社有限公司
地址 上海市闵行区号景路 159 弄 B 座 5–6 层 邮编 201101
印刷 镇江恒华彩印包装有限责任公司
开本 890 × 1240 1/32 印张 4.5 字数 71 千字 插页 8
2023 年 7 月第 1 版 2023 年 7 月第 1 次印刷
ISBN 978-7-5589-1626-7 / I · 4914
定价 28.00 元

序

为所有生命构建共同的未来

您喜欢什么样的动物呢？是家里养的宠物狗，还是喵星人？

也许您没有想到过，无论是宠物狗、喵星人，还是动物园的狮子老虎大象，都是地球上的生命经过几十亿年发展进化的结果。

地球上形形色色的生物体，包括陆地、海洋和其他水生生态系统，以及所有的物种内部、物种之间所构成的生态综合体，构成了地球的“生物多样性”，让地球呈现出多姿多彩的万般样貌。

但同时，全球物种灭绝速度也在不断加快，生物多样性丧失和生态系统退化对人类生存和发展构成重大风险，不能不引起全人类的警惕和关注。

进入21世纪20年代，科技更如潮水般迅猛发展。人类可以将月球上的岩石带回地球研究，可以乘坐深潜器进入万米深的马里亚纳海沟科考，还可以造出比最顶级的围棋大师还要厉害的机器人，但人类生活在地球上，是地球生物中一个重要组成部分，依然需要对自然界的生物保持一颗敬畏之心。

生物多样性是人类赖以生存和发展的重要基础，是地球生命共同体的血脉和根基。

2021年，联合国生物多样性昆明大会的主题是“生态文明：共建地球生命共同体”。我国是世界上生物多样性最丰富的国家之一，近十年来，我国持续加强珍稀濒危野生动植物及其栖息地拯救保护，取得了许多成效。2021年10月，我国正式设立了三江源、大熊猫、东北虎豹、海南热带雨林、武夷山等第一批国家公园，保护面积达23万平方千米，涵盖近30%的陆域国家重点保护野生动植物种类，有效保护了90%的典型陆地生态系统类型和85%的重点野生动物种群。大熊猫野生种群增至1864只，朱鹮野外种群数量超过6000只，亚洲象野外种群增至300头。曾经野外消失的麋鹿、普氏野马在多地建立了人工繁育种群，目前总数分别达近1万只和700只左右，并成功实施放归自然，重新建立了野外种群，生存区域和范围不断扩大。

科学家们是如何保护这些珍贵的野生动物的呢？请您听听《自然之子》讲述的故事吧！

目录

白山黑水，国家公园守护东北虎豹

也许您想不到，100 年前，地球上还有 10 万只野生虎，而如今不足 3200 只。

就是在这短短的 100 多年里，全世界 95% 的老虎种群栖息地在人类火器的“围攻”下，消失了。

多年前，世界自然基金会的专家曾断言，如果不加以保护，也许到 2022 年——中国下一个“虎年”，它们就会消失殆尽。

如今已过 2022 年。倘若真的如此，当我们的下一代、再下一代问他们的父母“什么是老虎”时，人们将情何以堪？

东北虎豹种群的生存状况，事关我国生物多样性的保护和生态文明建设的进程，举世关注。早在 2015 年 3 月北京的全国两会上，习近平总书记参加吉林代表团审议时，就关切地问：“野生东北虎现在有多少只？吃什么？”“种群能不能延续？”

为保护东北虎豹及其栖息地，我国于 2017 年启动了东北虎豹国家公园试点。2021 年 10 月，我国正式设立包括东北虎豹国家公园在内的第一批国家公园。东北虎豹国家公园横跨黑龙江、吉林两省，占地 1.41 万平方千米。

2021 年 10 月，国家林草局官宣：东北虎豹国家公园内野生东北虎数量已由 2017 年试点之初的 27 只增长至 50 只。

更令人欣喜的是，就在 2022 年春节前夕，野生东北虎踪迹重现东北虎豹国家公园尚未覆盖的大兴安岭地区。这不仅意味着几十年来已经难觅东北虎踪影的大兴安岭可重闻虎啸之声，且佐证位于黑龙江和吉林交界处的东北虎豹国家公园已呈“溢出效应”，成年雄虎正从东北虎豹国家公园走向更为广阔的山林。

上篇：东北虎豹，走向更广阔的山林

东北虎，是亚洲北方温带森林中极具魅力的旗舰物种，现存最大的肉食性猫科动物。它可生存在多种植被类型中，包括落叶林、针叶林和天然灌木林地，其最青睐的是以阔叶红松林为代表的温带针阔混交林。

在很多民族中，虎都有特殊的意义。咱中国人的十二生肖里就有虎。中国人画的虎，额头上还要有一个“王”字，它象征着勇猛、威严和权力。虎，真的是中国文化的一部分。

还不仅仅是情感因素。各国政府对虎的关注，更重要是从保护生态环境和物种多样性出发。虎处于大自然食物链的顶端，是整个森林结构和大自然物种多样性的指标，是森林质量的晴雨表。而整个生态环境质量的改善，受益的是全人类。

2011 年 8 月，中国野生虎种群恢复计划正式启动，其目标是实现中国野生虎种群的显著增长及栖息地范围的大幅扩展。

而东北豹是豹的一个亚种，是北方温带地区体形仅次于东北虎的大型猫科动物，毛被黄色，全身满布黑色环斑，斑点呈圆形或椭圆形的梅花状图案，又颇似古代的铜钱，所以又有“金钱豹”之称。

每年冬季，正是监测野生东北虎活动的最佳季节。于是，我跟随一线科研人员走进珲春、汪清保护区，“追踪”东北虎和东北豹的踪迹。

珲春岭上，都是东北虎豹的传说

位于中俄朝三国边境处的珲春，在满语中的意思是“边陲”。在珲春市区通往防川土字牌的路上，竖着一个醒目的广告牌，上书“鸡鸣闻三国，虎啸惊三疆”。

珲春，中国东北虎之乡。

“我们珲春东北虎国家级自然保护区总面积 10.87 万公顷，核心区与俄罗斯滨海边疆区接壤，是东北虎、东北豹重要的种源基地和中俄东北虎豹的重要通道。”在我随科研人员进山前一日晚上，该保护区管理局的一位领导告诉我。

“明天进山，能遇到老虎吗？”我要是真的遇上老虎了，可能会紧张害怕，但既然是千里迢迢来报道东北虎豹的，那出发前最大的心愿当然是能见到东北虎豹的活体。

“那不一定，毕竟咱这儿大多数人工作十多年了，也没遇到过一次东北虎豹。但你们明天去的马滴达保护站辖区，是咱保护区东北虎豹出现最频繁的区域。我们安在那儿的红外相机记录下东北虎豹新踪迹的可能性还是很大的。”他说。

自 2010 年前后，在国家林业局猫科动物研究中心、吉林省林科院、东北林大、东北师大，以及世界自然基金会和国际野生生物保护学会等国际组织的合作帮助下，用于监测野生动物的红外相机开始在吉林珲春、汪清、黄泥河等保护区大量使用，这对东北虎豹的监测和研究工作起到了极大的推动作用。一架红外相机在野外工作的时间，夏秋季达三四个月，而在寒冷的冬春季因耗电量增大则减为两三个月。

次日一大早，我就随保护区管理局宣教中心贾丽红、人称“薛哥”的薛延刚和时任马滴达保护站站长的高大斌一起进山了。出发前，他们仔细检查了进山必备的装备：两枚用于防身的火焰筒、手持式 GPS、相机、小刀、卷尺、样品袋，用以更换的几盒电池和一堆储存卡等。万事俱备，薛哥挂挡，“猎豹”越野车直奔珲春岭而去。

车过一松亭隧道，宽阔的老龙口水库在眼前展开。再往北，过三道沟、马滴达、塔子沟，东侧是绵延数百千米的中俄接壤的珲春岭。这里已经下过几场雪，但山上积雪还不厚。

进山四五十千米后，山道变得越来越难走。今夏的几场豪雨，几乎将山里的小桥全冲毁了，架的都是临时抢通的简易桥。几根碗口粗的树干，就成了桥桩，这让开车的薛哥紧揪着心，“你们都下车走吧，咱不能都掉下去。”他说。

用树干铺成的桥面比车宽不了多少，薛哥小心翼翼，还

东北虎依然是山林大王，步履矫健。　东北虎豹国家公园 供图

与占据食物链顶端的东北虎相比，东北豹凶猛而谨慎。

东北虎豹国家公园 供图

红外相机在黑龙江老爷岭拍到的东北虎。　东北虎豹国家公园 供图

无人机拍下了生活在西双版纳勐海保护区丛林里的亚洲野象群。

郑 璇 摄

不敢开快硬闯，是怕桥面积雪打滑。“这桥，明年开春化冻准得塌。”当我刚庆幸车平安过了桥，就听薛哥说道。

薛哥老家就在珲春西边的汪清。“我小时候，每年冬天也要上山下套，”薛哥说，“那时候农村穷，我家里三个哥三个姐，我是老幺，总共七个孩子。家里粮食都不够吃，也没个油腥。冬天放学了，男孩子就要上山下套、撵兔子。”

薛哥平生第一次下套逮到的竟然就是头野猪，有百多斤重。把野猪褪了毛，母亲剁吧剁吧再加点土豆，撒把花椒面，炖了好香一锅，一家人美美地吃了顿。

“要逮个兔子可费老劲了，至少得撵好几里地，你不能让它缓过劲来，必须不停脚地撵。”

薛哥的话，让我想起在黑龙江插队当知青那会儿，生产队老乡形容兔子跑得快的话：“那跳[①]一蹦十八个垄沟。”撵兔子是个中长跑的体力活。

“它实在跑不动了，就往雪窠子里钻。它看不见你，以为你也看不见它了，你这才能一脚踩住它。”如今51岁的薛哥的童年，竟然如此有画面感地重现在我眼前：一个食不果腹的乡村少年，为了一家人的肉食，奋力奔跑在积雪皑皑

① 那跳：东北方言，兔子。

的旷野上。

曾经，这山岭里所有的活物，就是农家蛋白质的重要来源。

“那时，哪有保护野生动物的概念啊。”一车人笑了起来。

是啊，现在的很多“概念”，是随着物质生活的发展和社会的进步才走进人们生活的。

这让我想起一路上屡屡见到的“严厉打击乱捕滥猎野生动物行为”的标语。曾经的饥饿年代，远去了。

如今，在这儿长大的农家少年郎，再也不会饿着肚子在雪原上撵兔子了。保护野生动物的理念打小就在他们心里扎下了根。

“现在，我们年年清山清套。冬天一下雪，薛哥他们就往山里跑，这些年已经清缴了夹子、套子等非法捕猎工具8000 多件。”贾丽红说。

“现在，农民主要是套狍子、野猪啥的，他们也不敢打老虎。打老虎犯法，这观念已经深入民心。可我们缴获的最重的一个夹子有 50 多斤重，要真有老虎被夹住了，也挣不开。”

就在上山的前一晚，我见到了曾有幸路遇老虎的时任保护区管理局科研宣教中心主任的郎建民，请他介绍东北虎和东北豹的习性有啥不一样，他说："东北虎和东北豹爱走的路不一样，老虎是林中之王，它谁也不怕，所以爱走宽敞的缓坡和林间小道；东北豹喜欢走陡峭的山脊，能居高临下，它还喜欢走东北虎不爱走的石砬子，也许它觉得，这样不易撞上东北虎，对它来说更安全一点。"

"您遇到过东北虎吗？"我问。

"我还真遇到过。那是 2013 年，我进山给红外相机换电池，在小道上走着，突然感觉十四五米远的树丛里有老虎，听到它'哗啦哗啦'的脚步声，我赶紧一扭头，果然看到了老虎的身影。它和我同向而行，我走，它走；我停，它也停。按理说人是听不见老虎的脚步声的，虎爪的脚掌很厚，落地的声音很轻，我想它是故意让我知道它存在，以判断我是否对它构成威胁。"

"等我换好相机电池，只见老虎大摇大摆地从林子里出来，顺着道走了。"郎建民继续说。

幸好老虎没有攻击他，与虎相遇还能成为一场美谈。

"老虎不是每次都会攻击人的吧？"我猜测说。

“老虎是山中大王，在通常情况下，老虎不会轻易攻击人，除非人对它的幼崽或食物构成了威胁。相对于人来说，也许森林里的马鹿、野猪和狍子的肉，更合老虎的口味。再说，‘虎退人进’的历史已经延续了数百年，如果说，老虎的性成熟通常是3年，那我们将老虎的一代定义为5年的话，那100年就是老虎的20代，也许‘尽量别招惹人类’已经成为老虎与生俱来的‘基因记忆’了。”贾丽红说。

“那真遇到老虎该怎么办？”我问。

“你跑不过它，跑也没用。如果你转身就跑的话，会刺激它追赶捕食你的愿望。因为看见老虎转身就逃，这个动作对老虎来说太熟悉了，这是它所有捕食对象的本能反应，马鹿和野猪都是这样的，所以必然会激发起老虎追赶和捕食的本能，”郎建民说，“正确的做法是，你应该站起身面对它。千万不要蹲下或趴着，蹲下或趴着会让它不把你当作直立行走的人类。你要站着面对它，然后慢慢地往后退，别惊着它。一般情况下，老虎不会攻击人。”这是郎建民的忠告。

“还有一种情况，如果遇到的是一只小老虎，你千万不要想：‘啊，这小老虎好萌，好可爱啊！我要去抱抱它！’你这是动画片看多了。你最好赶紧撤，因为母老虎一定就在附近。母虎对幼崽的安全极为关注，它一般不会离开幼崽很远，当它闻到人的气味接近幼崽的时候，肯定会赶回来护崽。这时候它认定你是幼崽最大的威胁，会愤怒地扑过来。”贾丽红说，“母虎为什么会这样？之前我们也不知道，是听了动物学家的介绍才知道的，在严酷的大自然里，其实老虎幼崽的存活率并不很高。有个数据说，老虎幼崽的存活率一般只有30%。或者是因为森林里食物短缺，或者是因为母虎外出觅食时幼崽被其他的食肉动物偷吃。你想想，母虎一般2～3年才怀孕一次，一胎2～4只，如果生下来3只虎崽只能活1只，母虎还不得拼命护着？这既是出于母性的本能，也是老虎的种群保存的基因决定的啊！”

要不是走进珲春东北虎国家级自然保护区，还真学不到这么多关于东北虎豹的知识！

东北虎豹大黑熊，我们曾擦肩而过

前方的林间小道上，忽然惊起一群雀儿。我探头望去，只见林子上方，一只大鸟扑扇着翅膀威严地掠过。

“大𫛭（kuáng）！”薛哥瞥了眼说，“是猛禽。”

“会不会是老虎惊了鸟？”我暗想。

当“猎豹”车在保护区 33 号监测点停下时，高大斌警惕地下车先听了会儿动静，这是进山的“标准动作”。

“注意！”他低声说。林子里不远处果然有动静，但响声渐渐远去。

“可能是狍子。”在我已经琢磨是不是要拿火焰筒时，他判断说。

“咱当地人有句话：‘猪、熊、虎’，最容易攻击人的其实不是老虎，是野猪。”高大斌说。

“既然进山还真可能有危险，那我们上山为什么不带条狗呢？狗比我们人的感觉灵敏啊，狗一叫，不就给我们人报警了吗？”我问。

“如果带狗，可能更危险，”贾丽红说，“老虎特别讨厌狗。也许是因为狗太灵敏了，狗一叫，把原来老虎打算捕猎的野猪、马鹿、狍子都惊走了，等于你装了个喇叭成天喊‘这里有老虎！这里有老虎’，那老虎能不生气吗？老虎是狗的天敌。所以我们宣传保护区的安全时，一定每次都要向村民强调：发现有老虎活动的林区一定不要去，更不能带着狗去，老虎会跟踪狗的行踪，甚至一直跟到村民家里，对村民很危险！”

这真是规避“人虎冲突”的冷知识啊！

说着说着，我们走到林间小道稍稍开阔一点的地方，只见一部红外相机被铁链绑在一棵蒙古栎上。红外相机的安装位置一般离地面 50 厘米左右，当野生动物距离相机十多米时，红外信号会启动相机工作，只要野生动物在 20 米内都能较为清晰地拍到。一般在附近还会同时安装一部红外相机拍摄视频，即使在夜晚也能拍摄一段 10 秒钟左右的红外录像。各保护区安装红外相机的要求大体相同。

薛哥熟练地换好电池和储存卡，众人又上车，拐上另一条林间小道，前往 35 号监测点。

突然，薛哥一个刹车，猛地打开车门飞快地跳了下去。我抓起相机刚要跟着下车，薛哥又折了回来。

“是烂树枝，我还以为是老虎的粪便呢！”他的声音充满失望。

没有遇到老虎，哪怕见到一堆老虎的粪便也好啊！

“要真的是老虎的粪便呢？”我问。

“那要看是不是新鲜的粪便，”薛哥说，“如果是新鲜的粪便，我们就要开始‘逆向追踪’，这主要是为了防止人虎相遇。逆向追踪两天后，再顺向追踪。同时，老虎的粪便，要去做 DNA 检验，可以确定老虎的个体和种群。”

关于老虎粪便的科研价值，在不久后我采访国家林业局猫科动物研究中心常务副主任姜广顺时，得到了更为明确的佐证。

当时我请教他：“全世界老虎有多少种群，在我国还现存多少？我国东北虎的数量大概还有多少？”

姜广顺说：“全世界老虎曾有 8 个亚种，有 3 个亚种已经灭绝，就是里海虎、巴厘虎和爪哇虎；现存的 5 个亚种里，我国有 4 个，它们是印支虎、华南虎、孟加拉虎和东北虎。但这 4 个亚种里，有的已经多年没有观测到实体活动的踪迹了。由于各种原因，有的地区老虎的活动情况难以组织科学考察和较为全面的监测，而我国对东北虎的研究、观测和保护是做得最好的。全世界现有东北虎的数量为 450 ~ 500 只，主要分布在中俄两国。2015 年底，当时的国家林业局猫科动物研究中心影像监测记录到的东北虎个体有 21 只，有粪便分子生物学证据的有 24 只。但这一数字并非全部，因为还不包括东北虎在黑龙江省的全部活动情况。还有，对东北虎来说，是不存在国界和省界的。目前中俄两国正在联合监测研究到底东北虎有多少只，有多少只跨境活动。中俄双方通过花纹影像和 DNA 的比对，来确定东北虎在两国的‘常住户口’和‘流动人口’。”

一旦进入分子生物学的领域，老虎的粪便也将说出过去深藏不露的种群秘密。其实，在老虎的粪便里，隐藏的秘密比我们想象的要多得多。

当我请教姜广顺“东北豹和东北虎两者捕食上有何异同”时，他说：“两者虽然同为大型猫科动物，但在栖息地和食物的选择上还是有很大区别的。东北虎喜捕食大中型的动物，如野猪、马鹿、狍；而东北豹喜食中小型有蹄类动物，两者相重叠的是梅花鹿等中型有蹄类猎物。因为东北虎的体形较大，所以在积雪深达 30 厘米的情况下仍可行走，而成年东北豹只能在积雪 10 多厘米的雪地行走。俄方还曾 3 次观测到东北虎捕杀东北豹的情况，我们的研究团队也曾在东北虎的粪便中发现有东北豹的 DNA 信息。事实上，东北豹一般会主动望‘虎’而逃，只有在需要保护幼崽等极端情况下才会与东北虎‘搏命’。因此，对于同域分布的虎豹捕食集团进行整体保护，是亟待开展的一个艰巨的科研问题。”

中国专家团队“在东北虎的粪便中发现有东北豹的

DNA 信息”，这是东北虎雄踞整个森林里所有生物的食物链顶端的再明晰不过的证据。

在雪地里追踪老虎的踪迹，不仅是个体力活，仔细侦察还能看出许多门道来。多次追踪老虎的薛哥告诉我，通过测量老虎的掌印和步幅，可以判断老虎的雌雄和是否成年；还要观察分析老虎喜欢走什么道，走多久会卧停——老虎在雪窝里卧久了再起身时，可以收集到它留在冰雪里的虎毛，而被冰雪冻住的虎毛会带有毛囊，可用作 DNA 分析比对。

由此可见，要是在山林里能发现一堆老虎的粪便，是何等的幸运啊！

下午，我们返回保护区管理局大楼，贾丽红便迫不及待地将取回的储存卡插入电脑读取。当薛哥停好车走进办公室时，平时语调温婉的贾丽红，激动地大声对他说：“豹！虎！熊！”

红外相机清楚地拍下了东北虎、东北豹和一头熊。一只东北虎就在我们这次进山前一天傍晚 4 点 46 分 08 秒经过此地。

习惯早晚出没的东北虎，与我们交错而过。

“那些没有野生动物的画面，是不是都白拍了？”我问。

“不，所有生命体经过的画面都有用。人、车经过的画面，专家也要进行分析研究：人的活动对野生动物有什么干扰和影响。”贾丽红说。

两大廊道，拓展东北虎豹生存新空间

对大多数读者来说，东北虎的名声远比东北豹的大得多。所以大家一定特别想知道，东北虎和东北豹谁更“稀罕”些呢？

曾有专家提出，在现存于世的豹的 9 个亚种中，东北豹是最濒危的。它是中国金钱豹的三大亚种之一，在我国东北现有的分布区有 4.8 万平方千米，而在俄罗斯的分布区仅 5200 平方千米。经研究发现，我国有 37 个东北豹的适宜栖息地斑块[①]，总计大约 2.1 万平方千米。因为一个雌性东北豹需要的领地是 100 平方千米，雄性东北豹需要 200 ~ 300 平方千米的领地，经预测我国适宜栖息地斑块内的最大容纳量是 200 只东北豹。而到 2016 年俄罗斯现存的东北豹种群

① 斑块：景观格局的基本单位。指不同于周围背景的，相对均质的非线性区域。

仍不到 60 只。我国国家林业局数据库内的数据曾记录到 30 只左右，但也有报道其记录到的种群数量已超过 40 只。即便如此，中俄两国东北豹相加，仍远远低于东北虎的存量。东北豹比东北虎更濒危。

我请教姜广顺："您认为东北虎是不是我国最有希望率先恢复的老虎亚种？"

姜广顺说："我国第一个东北虎保护区是 30 多年前建的黑龙江七星砬子东北虎保护区，但此后一直没有再现东北虎的身影。可喜的是，2015 年在七星砬子再次发现了老虎的踪迹。处于中国内陆林区的吉林黄泥河保护区，也发现一直有东北虎活动的信息。据我们近年来的观测，野生东北虎距离中俄边境最远的地点已经达到了 329 千米。我认为中国历史上没有间断过东北虎的存在，东北虎在中国内陆的种群始终是存在的。随着国家保护力度的进一步加强，东北虎保护区实现拓展连接，我国东北虎种群的恢复是很有希望的。"

我还想知道，国家投入这么大的资金来建设东北虎豹国家公园，那我们恢复东北虎种群的目标是什么？怎样才能认为东北虎豹种群进入了稳定繁育的阶段？

姜广顺说："一个满足长期稳定繁衍的最低数量的动物

少年读中国
CHINA

嗨，我是生活在广西崇左的白头叶猴。别搞错，我小时候头发可是金黄的，长大了才变白的哦！（袁有蔚摄）

收件人地址:

收件人姓名:

寄件人地址:

种群，在生物学上被称为‘最小可存活种群’（PVA）。有动物学家研究认为，野生虎的‘最小可存活种群’是 100 只以上。现在，东北虎在俄罗斯境内的种群数已经超过了 400 只，但在中国境内的东北虎数量还有明显的差距。尽管近年来国家和黑龙江、吉林两省政府做出了很大努力，东北虎数量和分布区也在不断增加，但我们目前只能说是取得了阶段性成果，还不能说东北虎种群已经恢复到了稳定繁衍、不会灭绝的程度。”

东北虎豹在我国吉林、黑龙江与俄罗斯的远东边疆地区的跨境流动，意味着什么？

“老虎的活动是不受国境线影响的，它对生存环境的选择是用脚来投票的。”贾丽红对我说，“两年来，我们监测到有 4 个老虎家族在珲春保护区生存活动，最大的家族有一大四小，这是珲春保护区生态环境改善已得到老虎认同的标志。”

2015 年年底，吉林省林业厅主要领导分别带队奔赴省内主要的东北虎保护区，进山督查清山清套、打击非法盗猎活动。彼时，自省人大禁猎野生动物的决定出台已有 20 年，全面禁猎的效果十分显著，收缴的民间枪支超 2 万余支。

此外，野生东北虎豹种群的恢复，还得益于各保护区的建立。当时，吉林全省已建立自然保护区 37 个，其中虎豹保护区 5 个，全省保护区的面积达到了 260 万公顷，占全省土地面积的 13.9%。尽管如此，野生东北虎豹栖息地的碎片化，仍是一个严峻问题。中俄边境的珲春保护区拥有东北虎、豹最大的种源，但地域仍太过狭窄。在敦化的黄泥河保护区估计生存着 6 只野生东北虎。天桥岭保护区也已获批，逐渐打通了两个廊道：一是先向西再折向东北的“珲春—汪清—敦化黄泥河—完达山保护廊道”，该廊道将与俄罗斯滨海边疆区的东北虎保护区相连；二是先向西再向南的“珲春—汪清—长白山保护廊道”，长白山林区在上个世纪 80 年代还有东北虎豹出没，那里有 300 万公顷林区，可为东北虎豹生存提供更为广阔的空间。

为打通野生东北虎豹迁徙廊道的关键节点，还将适度移民，解决人为干扰问题。随着东北虎豹国家公园的建立，只要措施到位，相信东北虎豹种群稳定繁育的目标一定可以实现。

下篇：白山黑水，齐唤“王者归来”

“国家公园”的概念，对大多数国人还是陌生的。那么国家公园的由来是什么，它和“自然保护区”“森林公园”相比有什么异同呢？

“国家公园”一词最早是美国画家乔治·凯特琳于1832年提出来的，当时主要是以保护公有土地上的风景奇观为目的，比照私家园林提出的一种公共公园的理想模式。19世纪后半期，美国东部的有识之士开始认识到西部开发狂潮对原始自然景观造成的威胁，为了保护西部自然景观免遭破坏，当时的美国总统林肯在1864年签署法令将约塞米蒂谷地作为自然公园。1872年，美国总统格兰特又签署“黄石法令”，批准建立黄石国家公园，规定“保护所有的树林、矿藏、自然奇观和风景，使之永远免遭损害和不合理利用”，这是“国家公园”概念第一次应用于实践。

如今，世界自然保护联盟将全球所有的自然保护地按照管理目标分为六类：第一类属于严格保护区（包括严格自然保护区和原野区）；第二类即为国家公园，也叫作“生态系统保护区”；其他还有自然遗迹保护区、栖息地/物种管理区、陆地/海洋景观保护区、资源管理区等。可以看出，国家公园与自然保护区、物种管理区、景观保护区等一样，都属于自然保护地系列的不同类型，但国家公园一般有三个不一样的显著特征：一是自然区域的面积往往较大，主要是保护一个或多个完整的自然生态系统，可以实现自然生态系统的整体保护和系统保护；二是土地和自然资源一般都是国家所有、全民所有，属于国家事权；三是把保护与公众游憩体验和环境教育结合起来，充分体现公共保护地为公众服务的理念。

那为什么我国已经建立了许多不同等级的自然保护区，还要建立国家公园？国家公园对我国的生态文明建设有何深远的意义？建立东北虎豹国家公园给东北虎豹种群的保护又带来什么好处呢？

建全球最大国家公园体系：是可能实现的

2017 年 8 月 19 日，东北虎豹国家公园管理局、东北虎豹国家公园国有自然资源资产管理局在长春挂牌成立了。

白山黑水，莽莽林海，由此将以新的力度，呼唤密林深处的东北虎豹“王者归来”。

东北虎豹国家公园总面积约为 1.41 万平方千米。1.41 万平方千米的国家公园意味着什么？我们国家的国土面积有 960 万平方千米，拿出其中的 1.41 万平方千米打造东北虎豹的家园，堪称“大手笔”，国家大力推进生态文明建设的决心由此可见一斑。令人欣喜的是，东北虎豹国家公园的面积已经比美国黄石公园的面积还要大 60%。

“为了几只老虎，划出这么大一块地做国家公园值得吗？”当然值得。虽然目前在吉林和黑龙江东部接壤处老爷岭的老虎种群，有很大一部分与俄罗斯共享，但要知道中国是东北虎的起源国，曾经拥有的老虎亚种最多。100 多年前，东北虎还遍布东北地区的温带针阔混交林区域。上世纪 60 年代，东北虎在大兴安岭灭绝；70 年代在小兴安岭灭绝；80 年代末在长白山山系的大部分地区灭绝；上世纪 90 年代末在中国境内基本销声匿迹。如今，随着我东北生态环境的大规模恢复和改善，东北虎豹又“王者归来”了。

想起纪念抗日战争胜利 50 周年时，我曾去“第二次世界大战终结地”——黑龙江省虎林市虎头要塞遗址采访。当地老乡告诉我“虎林”地名的由来：当地曾“虎尾如林”。

好个“虎尾如林”！可见白山黑水，乃东北虎豹之故乡。

自然保护区是我国自然生态保护的主体，经过 70 多年的发展，我国已建有 2740 处自然保护区，总面积 1.42 亿公顷，覆盖了国土面积的 14.8%，各部门按照管理职能设立的不同类型自然保护区，主要目的是为了保护生物多样性，亦可涵盖地质遗迹和地貌保护。而森林公园、湿地公园、海洋公园、部分以自然景观为主的风景名胜区等虽然也有保护自然生态的功能，但生态系统的原真性和完整性较低，环境教育和旅游的功能更突出一些。

我国现阶段提出逐步建立国家公园体制，建设一批国家公园，主要是在三个方面寻求突破：一是为了加强国土空间保护的顶层设计。现有自然保护区、森林公园、湿地公园等都是由地方政府自愿申报建立的，这种自愿性原则造成了我国自然保护体系整体布局不合理，往往许多保护价值大、需要重点保护的生态区域反而没有纳入自然保护体系。二是破解部门、地方保护体制的切割。我国的自然资源是按部门、按行政区域管理的，各部门、各地方分头设置的自然保护区、风景名胜区、森林公园、地质公园等管理目标各有侧重，造成监管分割、规则不一、效率低下，越是保护价值高的区域管理碎片化越严重，特别是一地多名，重复挂牌现象严重。三是要解决保护地的自然资源资产产权问题。自然生态系统的禀赋是自然资源，目前各类自然保护地存在的绝大部分问题都是因为自然资源产权不清造成的。因此，建立国家公园体制的主要目的是为了完善我国国土空间的开发保护制度，从根本上改变自然保护权责利不衔接，以及重要自然生态空间保护的破碎化、片段化，以及重复交叉、叠床架屋等问题。

目前，我国已建成东北虎豹等 5 个国家公园，总面积约 23 万平方千米，在国土空间规划体系实施后，我国国家公园规模有望全球最大。

根据世界自然保护联盟的数据，全球各类自然保护地大约有 25 万多个，覆盖陆域面积 15.7%、海洋面积 7.9%；我国已建成各类自然保护地 1 万个左右，覆盖陆域国土面积 18%、海洋面积 4.1%，陆域面积的覆盖规模超过世界平均水平。但是，有些需要保护的地方以前一直没有保护起来，比如，以前东北虎豹栖息地只保护了 30%，东北虎豹国家公园建立后已全部保护起来了。

我国国家公园体制的建立，也不是一蹴而就的。从 2013 年提出建立国家公园体制，到 2015 年开始实行国家公园体制试点，再到 2021 年正式设立第一批国家公园，经过了近 10 年的努力和发展。现在新型的国家自然保护地体系分为国家公园、自然保护区、自然公园三个层级，其中国家公园保护等级是最高的，我们要把生态系统最重要、自然景观最独特、自然遗产最精华、生物多样性最富足的部分纳入国家公园体系并实行严格保护。第一批 5 个国家公园都具有国家乃至全球的代表性，符合“四最”标准的核心价值。5 个国家公园的矿业权都实行了关停，水电站、人工商品林等都逐步制定退出处置的方案，社区居民和当地政府为生态保护均做出了突出贡献。东北虎豹、大熊猫、长臂猿、雪豹、藏羚羊等不同物种的数量都得到了极大的增长，意味着自然栖息地质量得到了明显的改善。

应该说，我国建立全球最大的国家公园体系有需求，也可行。为推进国家公园事业科学快速发展，我国正进行国土空间布局研究，每个地理单元选择一、两处区域作为候选，纳入国土空间规划体系，未来我国建成全球最大的国家公园体系是可能实现的。

“边境集聚效应”：虎豹已超环境承载量

2005 年，我国在中俄边境及吉林、黑龙江森林腹地，建立起了一个生物多样性长期定位监测平台。该平台由北京师范大学生物多样性国家级创新团队，在国家林业局、吉林省林业厅和黑龙江森工总局的支持下建成。冯利民是该团队的野外负责人，他被大家戏称为“野人”。

2015 年之前，他和野外团队，一年里有 8 ~ 10 个月深藏在白山黑水间追踪东北虎豹的踪迹。

“目前，东北虎被世界自然保护联盟列为濒危物种。现存的东北虎主要分布于俄罗斯锡霍特山脉至中俄边境交界的区域，总数量仅 550 只左右。”冯利民说，“而大众不熟悉的东北豹，其实更为‘稀罕’，目前仅剩 90 只左右，残存于吉林珲春和相邻的俄罗斯豹地国家公园，世界自然保护联盟将其列为极度濒危物种。”

在整个东北的监测区域内，仅在珲春及周边监测到的东北虎长期活动的踪迹，在 2012 至年 2014 年期间，至少有 27 只东北虎，其中 10 只雄性、8 只雌性、9 只幼体；而在珲春、汪清等地，观察到的东北豹数量为 42 只，其中，20 只雄性、17 只雌性、幼体 5 只。“这些东北虎豹种群大多数集中在距离中俄边境 5 千米范围内的狭窄区域，形成了‘边境集聚效应’。”冯利民说，“目前，已有部分东北虎豹进入中国境内定居繁衍，呈现出由边境老爷岭向东北腹地扩散的‘楔形扩散效应’。”

按照红外相机网格化监测布设的要求，每个网格标准为 3.6 千米 ×3.6 千米，目前投入的红外相机数量有 3000 个左右，“我们根据虎豹的行为特点选择红外相机放置地点，多年的野外经验让我们能够准确判断动物出现的地点，最慢的话，也能在一个月内拍摄到虎豹；最快的话，数小时后就有虎豹上镜。”冯利民十分自信地说。

东北虎豹，为何“去而复归”？首先，吉林在全国最早做出了禁猎决定，从 1996 年起就实行了全面禁猎，就连到山里逮一个兔子都不允许。从 1998 年起，又实施了“天然林保护工程”。2014 年，东北又全面停止了商业性采伐，森林以及生物多样性的修复为东北虎豹回归创造了极为重要的条件。

到2015年年底，吉林的“天保工程”累计完成森林培育面积124.5万公顷；到2016年年末，吉林省森林面积达到819.06万公顷，森林覆盖率达到43.9%，实现了林地面积和森林蓄积的双增长。

而在俄罗斯境内的东北虎豹种群却遇到了生境难题。与吉林珲春地区相连的俄罗斯豹地公园区域，与中国共享一个小的东北虎种群和全球唯一的东北豹种群。这个虎豹种群，北面被大面积的湿地、公路和中东铁路所阻隔，使其无法进入俄罗斯境内东北虎豹的主要栖息地——锡霍特山脉。2014年至2015年，这个种群共计至少有东北虎38只、东北豹91只，未来生存发展的唯一途径，就是西进我吉林和黑龙江的广袤山林。

“现有的吉林珲春东北虎保护区、黑龙江绥阳老爷岭东北虎保护区，不能承载这些东北虎豹吗？”我请教冯利民。

“在俄罗斯，一只雌性东北虎领地面积通常为300～400平方千米，一只雄性东北虎领地往往超过1000平方千米。以中俄边境虎豹现有分布区域大约为4000平方千米计，虎豹数量已经超出资源承载能力的数倍。”冯利民说，“如果这一东北虎豹种群不尽快扩大生存空间，将面临着食物资源快速消耗，最后种群崩溃的严重威胁。当然，如果我们建立的东北虎豹国家公园，能为东北虎豹尽快腾出更大的生存空间，那目前正是东北虎豹重返故乡、摆脱濒危境地的重大机遇期。”

旗舰物种：是为保护整个生态系统

站在珲春老龙口水库的大坝上举目北望，漫坡都是青翠悦目的苞米地，一直铺展到远处的老爷岭脚下。到月底，这些青苞米就该上市了，野猪祸害青苞米的高发期又该到了。

随着森林资源的恢复，山林里的野生动物也日益增多。随之而来的，是野生动物与人类对生存空间的争夺。我从珲春市野生动物补偿办公室获悉，2016 年，珲春总共发生东北虎咬死牛事件 110 起，咬死马事件 6 起，咬死羊和狗事件各 2 起；以及野猪“啃地”549 起。2017 年上半年，东北虎伤害家畜发生了 48 起。

从 2006 年起，吉林省出台了《重点保护陆生野生动物造成人身财产损害补偿办法》。2016 年，吉林全省用于野生动物损害方面的赔偿达 680 万元。

在珲春东北虎保护区，要说村民上山下套去套个东北虎，有这种想法的恐怕已经不会太多，大多是想套个狍子、野猪什么的。但野猪和狍子是东北虎的“主食”之一，套了野猪和狍子，看似没有危害东北虎豹，但这就是破坏了东北虎豹的食物链，恶化了东北虎豹的生存环境！

也正因为如此，珲春、汪清和绥阳、穆棱、东京城等林区，都把大力清山清套，作为确保虎豹安全、迎接东北虎豹国家公园建立的一项实实在在的工作来抓。2017 年以来，珲春东北虎保护区共开展清山清套行动 244 次，清缴猎套 416 个、鸟夹 29 个、电网 13 处。黑龙江老爷岭东北虎国家级自然保护区还与每户居民签下反盗猎责任状，目前园区内已经很少见到新的猎套。去冬今春，他们还在野外设立补饲点 30 处，在冬季雪大、有蹄类动物觅食困难时，帮助其提高越冬能力。

正常情况下是不允许给野生东北虎豹直接投喂人工驯养的动物的。首先，虎豹种群的繁衍，依赖的是健康完整的生态系统所养育的天然食草动物群系，如果不注重栖息地的恢复，虎豹的天然猎物种群也将无法得到真正恢复，虎豹将无法正常繁衍后代。其次，没有经过严格检疫的人工驯养动物直接投喂或者接触野生虎豹和其他野生动物，很可能会将一些危险的疫病带到野生种群中，可能会造成严重乃至无法挽回的后果。对于特殊年份的冬季大雪而造成有蹄类动物觅食困难，可以考虑为有蹄类动物适当投喂草料，以稳定东北虎豹的食物链。

“一头东北虎一年大约需要多少食物量？”我请教冯利民。

“东北虎的‘传统主食’是马鹿、梅花鹿和野猪等大中型有蹄类动物，狍子对它来说只是‘点心’。一头东北虎一年平均要吃 50 头大型有蹄类动物，也就是每周吃一头大型的鹿科动物。”冯利民说，“这意味着一头东北虎的领地里至少要有 50 头大中型有蹄类动物才能活下去，但第二年怎么办？通常，鹿科动物等有蹄类动物每年的增长率大致在 10% 左右，这片领地至少要有 500 头大型有蹄类动物，这样才能保证这只东北虎每年有 50 头可以吃。如果东北虎还要在此繁育后代呢？母虎每次怀孕平均 2 ~ 3 只幼崽，幼崽一般要 2 年左右才成年，在幼崽第一年的时候，母虎需要的食物量将翻倍，以保证幼虎正常成长，当幼崽进入第二年，母虎将需要捕捉更多的猎物，这意味着一只繁殖期的母虎每年至少需要捕食 100 ~ 150 只大中型有蹄类动物，这意味着这只母虎领地内大中型有蹄类动物种群基数不能少于 1000 只。所以，东北虎的成功繁殖，需要极为丰富的有蹄类动物群系。这意味着只有一个健康完整的生态系统，才能支撑虎豹的繁衍和长期生存。”

这就是居于食物链顶端的东北虎，被称为生物多样性保护“旗舰物种”的原因！

如今，在珲春发现东北虎豹组建家庭、繁育后代，是整个森林资源恢复、生物多样性越来越丰富的最好标志。

所以，成立东北虎豹国家公园，不仅仅是为了保护东北虎豹，更是为了保护整个生态系统。

人虎豹和谐：构建立体交通与生态廊道

为迎接东北虎豹国家公园的挂牌，国家林业局和吉林、黑龙江两省的林业、森工部门做了大量工作，对所涉范围内的社会和自然资源多次进行全面摸底，以及勘察落界等，试点区内新项目审批工作已全部暂停。时间紧迫，包括编制总体规划和专项规划、制定国家公园管理制度、与俄罗斯有关方面进行战略合作等数十项工作，都在全力推进。

中共中央办公厅、国务院办公厅下发的《东北虎豹国家公园体制试点方案》要求，在“有效保护和恢复东北虎豹野生种群，实现东北虎豹在中国境内稳定繁衍生息”的同时，还要“有效解决东北虎豹保护与人的发展之间的矛盾，实现人与自然和谐共生”。未来，在保护区的核心区内，无疑会涉及移民及现有工矿企业的搬迁难题。改革的阵痛难以避免，但这对延边的长期发展是重大利好，东北虎豹国家公园是一张世界名片，将带动延边的经济转型发展，提高百姓的幸福指数。

那么，未来的东北虎豹国家公园将给人们何种期待呢？

首先，将以自然恢复为主，生物措施和工程相结合，提升森林生态系统承载力。通过森林植被修复，满足有蹄类动物生存繁衍需求，复壮东北虎豹野生种群，丰富东北虎豹的食物链；

第二，对现有林场进行整合撤并，在核心保护区外建立中心林场。核心保护区内居民逐步实施生态移民搬迁，分散的居民点实行相对集中居住。探索和扶持发展替代生计，使其搬得出、稳得住、不回流、能致富；

第三，打通东北虎豹迁移扩散廊道，解决城镇、乡村、农田等造成的栖息地碎片化问题，实现栖息地之间的连片贯通；

第四，建立生物多样性监测网络体系，综合运用野外调查、红外相机、震动光纤、无人机、卫星等，对园区生物多样性、东北虎豹活动规律进行动态监测，形成天地空一体化生态环境监测网络和指挥体系，构建野生动物种群时空格局数据库，并设立东北虎豹科研监测救护中心；

第五，深化中俄东北虎豹保护交流与合作，探索建立跨国保护、信息共享、联合执法等合作机制，建设跨国生态廊道，实现东北虎豹生境的互联互通……

按照规划，未来全部建成的东北虎豹国家公园的老虎承载量是 50 ~ 100 头。

如今，在东北虎豹国家公园里，天地空一体化监测系统正发挥着越来越重要的作用。数万台具有实时传输功能的红外相机，已经基本覆盖国家公园全境，每天都有成千上万的画面从密林深处通过这套全球领先的实时传输系统，传输到研究中心和管理部门。

“坐在电脑前，看着实时传输回来的画面，看着一头头平时难以碰面的东北虎豹越过山岗，穿过树林，从我面前走过。真让我震撼和着迷。”冯利民说。

版纳密林，追踪神奇亚洲野象

大象的“大”，是这位哺乳纲长鼻目象科朋友留给人们最直观的第一印象。确实，作为当今世界上最大的陆生脊椎动物，大象是个神奇的存在。

要知道仅仅这个体形的“大”，对陆生动物来说，就谈何容易。英国布里斯托大学的研究人员此前曾发布一项研究成果说，如果有一只兔子和它的后代们要进化成大象那样的“大块头”，至少需要大约1000万代。通过研究比对分析鲸鱼的进化史，他们还认为，陆生动物向大型化进化要比海洋动物更难，海洋动物的大型化速度比陆生动物要快得多，因为海洋动物的生境比陆生动物更有利——水有浮力，更容易支撑其巨大的身体和体重。

热带雨林或非洲草原上的野象，其体形的“大”也给它自身带来了前所未有的安全感。直到人类出现之前，野象在自然界几无天敌。但在人类掌控地球的今天，“大”

却给野象带来了生存的烦恼。

近年来，“人象冲突”的消息时有耳闻：或是野象在云南西双版纳勐海县多次进入村寨和踩踏农田；或是西双版纳有外来务工人员在橡胶林中突遇野象攻击而不幸丧生，侥幸逃脱者全靠上树躲避并用手机求救成功。

从 2020 年 3 月起，又一则关于野象的新闻吸引了大众的关注：一个名叫“短鼻家族”的 16 头野象从原来的栖息地——西双版纳勐养自然保护区出发，一路北上。当年 12 月，它们在经过普洱时，还生了一个象宝宝。象宝宝初降人世，只休整了几十分钟，就能独立行走，跟着象妈妈继续迁徙，真是了不起！象群最远走到了昆明附近，2021 年 7 月，“短鼻家族”才折返南下，于 8 月上旬才终于跨过沅江回到家乡。

这群亚洲象究竟为何“北上”，又为何折返“南下”？“人象冲突”又说明了什么？野象“仇恨”人类吗？一个个有趣又尖锐的问题，吸引了我赶往西双版纳，去追踪崇山峻岭中的亚洲野象。

亚洲象是“母系社会”，母象有强烈的护幼意识，保护幼象是整个象群的天职。

郑　蔚　摄

丛林五月，鹿王争霸。　杨国美 摄

普氏野马重新现身西北戈壁荒漠。 郑 蔚 摄

两匹普氏野马开始打斗，这是分群的序曲。 郑 蔚 摄

野象护幼，很温柔很暴烈

“人象冲突”是各亚洲象分布国普遍存在的矛盾，绝非哪一国或地区所特有。

我前往野象谷采访时，刚到云南西双版纳国家级自然保护区北门停车场，就听到“警报”：“快走，野象来了！”

原来，位于西双版纳国家级自然保护区内的野象谷，虽然游客可前往游览，但绝不是全封闭的区域，野象可以自由进出，这与城市游客熟悉的野生动物园内铁栅栏围起来的猛兽区有根本的区别。为了确保游客安全，野象谷在游客活动区域设置了人象分离的栈道，工作人员还有专门的“跟象组”，全天跟踪象群的活动情况，一旦野象有可能进入游客流动的区域，跟象组就提前发出警报，做好游客避让防护工作。

在工作人员指挥下，我赶紧到管理处楼上去。

通过管理处二楼窗口，我首次在大约 10 米距离内拍摄到两大一小三头野象，这实在难得。此前，我曾请教专业人士：“野象的安全距离是多少？”答：“100 米。”但此处小楼外的陡坡让野象不会上楼，给了人们难得的安全观察距离。

野象旁若无人地用象鼻卷食棕叶芦，享受它们的早餐。野象是食量极大的植食性动物：每天上午，它们的主要任务是获取一天的能量。一头成年野象每天至少需要 160 千克以上的食物，食谱有芭蕉科、禾本科、棕榈科、桑科、蝶形花科、五加科、葡萄科、夹竹桃科、蔷薇科等十几个科的 100 多种植物，野芭蕉和竹子是它的“主食”，菜品还包括竹笋。中午及下午，野象主要隐蔽在荫凉处休息或在泥塘中戏水降温。傍晚再次进食，晚餐可持续 2 小时，然后回到丛林深处休息。据调查，野象一般睡眠时间约四五个小时。

吃完了眼前的植物，野象沿着象道慢慢走来。最早出现在人们眼前的是一头成年母象，它仔细观察一番，确认没有危险才向身后打招呼，又一头成年象带着一头幼象从林子里现身。

此刻，现场的人员都聚集在管理处二楼。两头成年野象高度警惕地将小象夹在中间，举起鼻子向人们发出警告：“别惹我们！别打我家宝宝的主意！”然后，沿着象道慢慢进入管理区。工作人员反复轻声告诫游客：“这是野象，不准下楼！不准下楼！”

野象的护幼意识非常强烈，很多游客觉得小象可爱，所以看到小象就想靠上去拍照，殊不知这很可能被野象认为是“图谋不轨”。正是因为小象的存在，更容易引发成年野象的攻击行为。

曾有一次，一群野象过公路，所有的车辆都停下让路。但有一头小象经过时擦碰到一辆轿车，触发了车上的报警器，一头成年象生气了，走过去用鼻子在车前部的引擎盖上甩打了两下，引擎盖被打出两个大凹坑，但报警声还叫个不停，这让野象更生气了，它果断地一脚踩烂轿车前部，然后在司机的目瞪口呆中大摇大摆地走进山林。

大象的鼻子就能砸瘪车盖，有这么厉害吗？绝对啊。要知道大象的头骨重量，几乎占整个骨架的四分之一，象鼻是上唇和鼻子的结合体，它由超过 40000 块肌肉组成。而我们人类全身有多少块肌肉呢？639 块。仅仅一个象鼻的肌肉就是人类全身肌肉数量的 60 多倍。成年大象的象鼻有 100 多千克重，它既可探触外物、彼此交流，又可抓握重物，还可吸水喷洒，单次吸水量就可达 12 升，真可谓亦刚亦柔，功能复合强悍，全球有此“神器”的动物仅大象一种。

野象护幼意识强烈，也许是因其繁殖率很低，后代来之不易。一头成年母象要五六年才能繁殖一次，且母象的孕期并不固定，在 18 ~ 22 个月之间，每胎一崽，没有双胞胎，一般一头母象一生可生育四五头小象，幼象的哺乳期长达 3 年。象群是个“母系社会”，一般由一头母象率领，成员有几头成年母象和多头未成年的小象，公象一旦成年即离开原来的家庭外出闯荡。因此，保护幼象，不仅是象妈妈的责任，而且是整个象群的使命。

红外预警，人也安全象也安全

西双版纳国家级自然保护区总面积为 24.25 万公顷，占整个西双版纳州总面积的 12.68%，但它却不是一个“整片”，而是由地域上相近而又不相连的勐养、曼稿、勐仑、勐腊和尚勇 5 个片区组成。而且，213 国道从面积最大的勐养片区南北纵向穿越，将其分为东西两半。

目前，全球亚洲象的总数在四五万头之间，在我国境内的野生亚洲象种群约 250 ~ 300 头，已处于极度濒危状态。其主要分布于西双版纳州的景洪市和勐腊、勐海两县，部分在普洱市和临沧市等地活动。

为保护野象的生存繁育，减少“人象冲突”，从 1988 年至 1993 年，国家共投资 390 多万元，将西双版纳州内处于国家级自然保护区核心区的 8 个村寨总共 195 户、1120 人实行异地搬迁，并妥善安置。但目前在国家级自然保护区内，仍有 120 多个村寨。事实上，限于土地空间和政府财力，也不可能把所有的村民马上都搬出保护区。

据调查，一头成年象约需 15 ~ 30 平方千米的山林，才能满足其食物需求。但真正的原始森林，因为山高林密，林下草本植物并不茂盛，难以满足其需求。野象最喜欢的还是海拔 1000 米以下的森林边缘地带和河谷，那里芭蕉科、禾本科、棕榈科、桑科等植物更为茂盛。野象生境的破碎化，以及为保证老百姓生活的种植用地不断扩展，使野象为觅食而不断长距离迁徙。在迁徙觅食中，野象接触到各种农作物，发现甘蔗、苞谷等不仅适口性更好，而且营养价值更高、采食也更为方便，所以自 2000 年以来，野象群对农作物和村寨越来越依赖，这无疑增大了“人象冲突”的风险。

人象共存的空间里，如何保证人、象“各自安好”？我来到大渡岗乡关坪村委会空格六队，这是个哈尼族村寨，村里 40 户人家只有 150 亩可以种水稻的“雷响田”，人均也就一亩。但野象年年来吃，水稻田基本没有收入，苞谷大多也让野象给吃了。村里家家几乎都要买米吃，店里的米125元一袋（25斤）。村民的生活全靠种植橡胶和茶树。橡胶树种下去要8年后才能开割，开割后三四年才进入高产期。一亩地种30棵橡胶树，100斤胶水可烘成二十七八斤干胶，一斤干胶的收购价是8 ~ 12元。如果12元一斤的话，一棵橡胶树一年可得120元。

从帮助村民脱贫致富的角度说，这橡胶树还真是经济作物。但对野象而言，橡胶树既不能吃，林下也没有可采食的植物，等于是“绿色沙漠”，所以野象一怒之下撂倒几棵橡胶树是常事，完全不费吹灰之力。

“野象踩坏橡胶树、茶树，保险公司一棵给补偿30元；吃一亩稻田补偿550元、一亩苞谷田补偿400元。虽然是政府出钱给我们统一投的保，但这补偿和我们的损失相比，还是不够的。”村民小组长的话引起几位村民的同声附和，“最好能把补偿的费用提高点。”

“这附近有多少头野象在活动呢？”我问。

关坪保护管理站的一位护林员介绍说：“这附近21万亩的山林里活动着两个野象群，一个叫‘然然家族’，有十五六头；一个叫‘大噜包’，有八九头。还有 4 头单独活动的成年公象，最厉害的叫‘大排牙’，个子高，牙又长，哪头公象都打不过它；有一头只剩一根门牙，叫‘独牙’；有一头公象的牙特别白，村民叫它‘竹笋牙’；还有一头刚成年的小公象，老是到村寨里捣乱，我们叫它‘捣蛋鬼’。有天晚上，它进了寨子到一户村民家，一脚把门踹开，用长鼻子把床上的被子卷出来玩，幸亏当时主人不在家。”村民们都笑起来。

为了保护村民安全，从 2015 年起，保护区与中科院西双版纳热带植物园合作，在国内率先试行“红外无线监测系统”，在空格六队周围的“象道”上安装了 9 台红外无线相机。只要红外相机拍摄到野象，它会自动将图像传输到相关负责人的手机上，然后根据野象位置判断野象的行走方向，如果必要立即发布警报。

我见到空格六队村小组的房顶上，已安装报警喇叭和警灯。警报一旦鸣响，警灯闪烁，村寨里所有人就都能听到看见。另外，村民还建了个“大象来袭微信群”，每户村民的手机都入了群，警报同时在微信群发出，家家户户立马都知道，可以及时规避。

总之，目的就是“人象安全共存”，2015 年发出警报 48 次，2016 年报警 91 次，85% 的信息能够在监测到野象活动后的 20 分钟内发出。自安装这个红外无线监测系统以来，这里村民没有因象伤亡。

无人机监测，覆盖山林覆盖村寨

听说我次日要去勐海县采访，景洪市的一位出租车司机提醒说：“那里野象多，你要小心点，看到野象赶紧往坡下滚。”

直到第二天到了勐海，方知话出有因。原来，勐阿镇 69 个自然村，野象去过 58 个；勐往乡 51 个自然村，野象全都去过。在勐海活动的野象主要有一个 17 头象组成的象群，还有 3 头独来独往的公象，最高大的叫“霸王”，另两头叫“老二”“老三”。

“听说州里野象攻击人的事时有发生？”我问。

“从上世纪 90 年代以来，版纳州的野象伤人近 300 起、死亡 50 多人。”工作人员说，“近年来我们林业就有两名职工殉职：2007 年，勐腊镇林业站的陈素芬去广纳里村核实象损情况，突遭野象袭击遇难；2015 年，西双版纳国家级自然保护区科研所工程师姚正扬去勐往乡做野象监测，遭野象围攻不幸遇害。”西双版纳林草局一位专家介绍说。

尽管遇难者当时都并非单独行动，但野象攻击人时，根本不在乎人数多少。它奔跑的速度最快可达每小时 40 千米，人在野外是跑不过野象的。最好的自救办法是从陡坡上往下滚，因为野象体重大，下陡坡比较困难，也许它会放人一条生路。

山高林密，肩负跟踪野象任务的护林员工作环境非常危险。后来决定用无人机监测野象，通过政府购买服务，从昆明引进了一家无人机专业公司。事实证明，这真是个好主意。

在小新寨的篮球场上，一名小伙子正在操控无人机巡视周边区域。篮球场后的村集体办公室，就是他们的办公室兼宿舍。项目负责人郑璇打开电脑向我介绍无人机拍摄的视频监控画面，不但有白天的，还有晚上的红外图像，象群的动态清晰可辨。

“我们有大中小三种无人机，最大的机型飞行时要使用 6 块电池，最远可飞 7 千米，最长可飞 50 分钟。最小的无人机也可飞 7 千米远，它飞行时声音很轻，可以近距离观察象群，拍摄野象的个体特征，不会惊到象群。”

“这几天发现过象群吗？”我问。

“几乎天天发现，今年春节前本来买了年三十回昆明的机票，突然林业局的人说有象群从普洱市澜沧县过来了，赶紧把机票退了赶回这里。前几天景讷乡那个村民出事，我们又连夜赶过去帮着搜索野象踪迹。”

为了缓解人象冲突，云南西双版纳国家级自然保护区尝试过很多办法。有关国际动物保护组织曾推荐太阳能电围栏，还请了在非洲取得成功经验的专家来做示范，将象害较为严重的村寨用太阳能电围栏围起来，防止野象进村伤人。这办法开始挺有效，因为电流小不会伤到野象，但谁想，亚洲象比非洲象聪明多了。几个月以后，野象就学会了对付电围栏的办法：野象先将小树搭在导线上，甚至直接顶倒大树压在电围栏上，造成短路，然后悠然进村了。”

这让我对大象的“脑发育”生出了疑问：亚洲野象怎么会这么聪明啊？

动物学家介绍说，大象的大脑可比人的脑容量要大，平均重达 5 千克，是人脑的 4 倍，堪称地球上陆生动物中最大的大脑。国际动物学界根据评估动物水平的脑化指数[①]显示，亚洲野象是3种大象中最聪明的一种：超过2.0，虽然它与人类的7.0相比，还有不小的差距，但已经2倍于哺乳动物的平均水平，与灵巧的黑猩猩的智力水平相当。

我们曾经以会不会使用工具作为人与动物的分野，现代观察证明，大象也会“使用工具”，它会用树枝驱赶蚊虫、挠痒、修脚。尽管在可见的未来，大象依然不会种植水稻和制造汽车，但大象还有着很多动物不具备的想象力，比如，大象能读懂人的“指向性动作”的含义，能顺着人所指的方向延伸出去寻找被指物。动物学家说，这是评估动物想象力的重要指标。这个能力，就连DNA更接近人类的黑猩猩也不具备。

“亚洲象真不愧大脑是有沟回的，尽管尚未完全遮盖小脑……”我感叹道。要知道，我们人类的大脑中有700多亿个神经元细胞，而象脑则有2000多亿个神经元，是人类的3倍。

现在，政府已经决定在整个保护区覆盖无人机监测系统，确保实时监控各个象群的活动，还可以制作亚洲象活

① 脑化指数：表示动物体重与脑重关系的常数。

动轨迹图。从 1991 年到 2010 年，野象造成的经济损失不过 2652 万元；而 2011 年到 2014 年这 4 年间，经济损失就高达 5380 万元。为此，保护区还实施了亚洲象防护围栏工程，先选择受野象袭扰较为严重的大渡岗乡关坪村香烟箐、三六队这两个村寨做试点，用较粗的防护栏将村寨围起来，防止野象进入。以后还要向各个村寨逐步推广红外无线预警系统。

此前，为减轻野象对村民庄稼的侵袭，林业部门曾在远离村寨的地方种植野象喜食的苞谷、甘蔗等农作物，以吸引野象前往觅食。这确实起到了一定的作用，但同时也增强了野象对农作物的记忆。后来开始推进新的野象食物源基地建设，不再为野象种农作物，而改种亚洲象喜欢吃的本地野生植物，比如棕叶芦、构树、野芭蕉、斑茅，等等。

为了改善自然保护区 5 个片区野象栖息地被分割的状况，在“十二五”期间，林业部门就已优化完善“生物多样性保护廊道计划”。目前，新的规划总共包括 7 个走廊带，总面积为 8.55 万公顷，以连接“孤岛化”的各子保护区。不仅是为减少野生动物对人畜的危害，更重要的是有助野生动物的遗传基因得以交流，避免野象种群的退化。

从长远着眼，还要编制亚洲象栖息地保护和恢复计划，力争解决亚洲象的栖息地面积不断减小、质量不断退化的问题。

版纳夜谈：神奇象牙有也是祸无也是灾

在西双版纳采访期间，我巧遇了世界自然保护联盟亚洲象专家组成员、北京师范大学教授张立。白天，张立教授忙于他的科研项目；晚上，我和他就有了这样一场关于大象，以及“人与大象”的夜谈。

问：请您介绍一下当今学界对大象的起源是如何认定的？大象有哪些分类？亚洲野象和非洲象有什么不同，如何区分？

答：法国科学家前些年通过对摩洛哥的一具化石研究后发现，大象起源于恐龙灭绝之前。在恐龙灭绝后 500 万年，也就是迄今 6000 万年前，大象开始走向繁荣。最初，大象祖先的体重可能只有 5 千克。在漫长的历史年代里，大象曾演化成 400 多种，但迄今只有象科一科、亚洲象和非洲象这两属，基因分析还表明非洲象又可细分为非洲草原象和非洲森林象这两种，所以目前的大象分为 3 个物种。

亚洲野象和非洲草原象、非洲森林象在形态特征上也有明显的区别：

亚洲野象体形较非洲象小，其平均身高为 2.5 ~ 2.7 米，而非洲象为 3 ~ 3.5 米；亚洲野象平均体重 3 ~ 5 吨，而非洲象为 5 ~ 7.5 吨，最重为 11.75 吨；亚洲野象象鼻的鼻突仅一个，而非洲象鼻突有两个；亚洲野象约有 30% 的公象不长象牙，母象的门牙不露出口腔外，亚洲野象的象牙较白，弯曲，比非洲象短；而非洲象不论雌雄都有露出于口腔的象牙；非洲草原象的象牙较白，也弯曲，但较亚洲野象长；非洲森林象的象牙较黄，但是直而长；亚洲野象的头顶有 2 个凸起，但它耳朵小，无法覆盖到肩部；而非洲草原象和非洲森林象的头顶都只有 1 个凸起，它们的耳朵较大，可以覆盖到肩部；亚洲野象的背中间高，两边低，非洲草原象和非洲森林象的背都是中间低、两边高；亚洲野象的脚趾是前 5 后 4，非洲森林象与其一样，非洲草原象的脚趾为前 4 后 3；从脾性上说，非洲象性格更为暴烈，从无被人驯养的记录。

问：亚洲野象在我国的历史分布有哪些变化，这些变化说明了什么？

答：考古发掘证实，在距今 7000 多年前，亚洲象就广泛分布于中国。距今 3000 多年前，我国北方仍有亚洲象的踪迹。从周朝初开始，亚洲象由黄河流域南迁；春秋时期，亚洲象生存活动的最北区域是淮河流域；到唐朝时，大象已经不过长江；到南宋时，它已经退居广东、广西及云南、贵州一线，目前仅存于云南南部。亚洲象分布的总趋势是逐渐南移，如再往南移就要出境了。

问：北师大亚洲象保护中心曾对云南境内的亚洲野象生存状态进行多年的调查研究，请介绍下你们的发现。

答：我们是 2014 年做的这项调查，通过卫星遥感技术发现，从 1975 年到 2014 年的 40 年间，大象适宜栖息地的面积减少了 40% ~ 50%，将近减少了近 5000 平方千米。其中，森林面积减少了 4000 多平方千米，而当地橡胶种植面积增加了近 4700 平方千米，茶树种植面积增加了 5000 多平方千米，这其中当然也有当地人口增加、经济发展等无可避免的因素。据我们对野象种群的个体识别和统计，2014 年的野象数为 250 头左右。以目前的栖息地承载量来说，象群数还并未突破最大承载量，但由于过去几十年来原始生境的逐渐丧失、生境斑块的减小、生境斑块之间孤立度的增加，给象群之间的基因流动和繁育造成了困难。比如，在普洱地区有个 5 头母象的象群，已经十多年没有繁殖后代了。由此可见，当地政府近年来着手推进的生物多样性保护廊道建设意义确实非常重大。

问：无论在亚洲还是非洲，犯罪分子多为盗取象牙而猎杀野象。而无象牙的公象正越来越多地被发现，这是为什么？

答：从广义上说，象牙应该包括大象所有的牙齿，就是门齿和臼齿。门齿就是人们通常说的象牙，网上有人说大象一生要换五六次象牙，这是不准确的，大象的门齿一生不会脱落，主要用于争夺配偶时打斗、在丛林里开路和采掘食物。而大象咀嚼食物的臼齿在大象的一生中会换 6 次，最后一排臼齿大约在其 40 岁后长齐。动物学研究证明，食草动物的寿命不能超过其牙齿的使用年限。大象的长寿也得益于它臼齿的独特的生长方式。值得关注的是，我们发现，亚洲象中不长门齿的公象多了起来，这是不正常的。按理说，公象的象牙越大，在争夺配偶的打斗中越容易得到母象的青睐，将此基因遗传下去的机会也就更多。而由于盗猎者以获取象牙为目的，以至于一些无象牙的公象反而逃过了盗猎者的枪口，并得以将无象牙这一变异基因代代相传，这正是盗猎行为改变了物种的自然选择，无疑对亚洲象的生存带来了威胁。

问：有网友爆料，东南亚的一些国家在驯象的过程中，对亚洲野象施以种种暴力，您如何看待这种为商业目的而进行的驯象行为？

答：首先要厘清一个基本概念。有人把大象分为“野象”和“家象”，我不认同“家象”这个概念。世界上只有野象，以及被人捕获后圈养、驯养的大象。东南亚有些国家驯化野象的过程，对大象来说是非常残酷的。驯象时，驯象师用带铁钩的“象钩”击打大象耳后敏感部位，大象因痛苦而不得不服从人的指令。这痛苦对大象的记忆非常深刻，东南亚曾有多起报道：几十年后，大象将驯象师踩死。我曾看到驯象师让大象站在独木桩上，这对大象本身是非常危险的行为，绝不可能是大象愿意做的动作。可见这种所谓“驯象”，表现的既不是大象在自然环境下的正常状态，也不是人象之间和谐相处的正常关系，与现代生态文明的理念更是背道而驰。我希望观赏的是野象在大自然环境中的自然之美、神奇之美。

救护繁育，“人象和谐”人也向往象也向往

中国西双版纳亚洲象救护与繁育中心坐落在西双版纳野象谷附近，顾名思义，“繁育”和“救护”是它的两大功能，而实现这两大功能的重要手段就是科研，其目的是为了保护亚洲野象的种源。

在亚洲象救护与繁育中心，我听说了救助野象的惊心动魄的故事：

今年已经7岁的“羊妞”，可以说是在救护与繁育中心长大的。它的故事还得从2015年8月18日说起。那天，他们接到普洱林业局报告，在思茅港镇橄榄坝村坝卡村民小组，当地老乡发现了一只被象群遗弃的小象。救护与繁育中心的“大象医生”们立即赶了过去。

橄榄坝村距离救护与繁育中心有110多千米。他们驱车赶到橄榄坝村坝卡村民小组，发现村庄对面是座山，山高林密。老乡告诉“大象医生”，昨晚有个象群光顾这里，今天一大早象群走了。象群进村时，村民紧急外出躲避，早上先从远处确认象群离开后，才回到村庄。没想到在自家的猪圈里，躺着一头奄奄一息的小象。村民保护野象的意识非常强，

立即向村里、镇上报告了。一级一级报告，求助的信息很快到了救护与繁育中心。

经过查看，发现小象脐带还在，但已经休克了，于是立即对小象进行检查，发现休克的原因很可能是脐带感染引起的，而且因严重感染造成小象皮内溃烂，小象已经极度虚弱。当时小象每呼吸 7 次，就要停顿 2 秒。眼看小象有性命之虞，大家立即将小象抬上车，运回救护与繁育中心。其间，小象在车上又休克 3 次，让“大象医生”心急如焚。

当晚 7 时 35 分，车终于开进了救护与繁育中心的大门，并马上对小象展开抢救。

记得专家说过，大多数亚洲野象生下来体重就在 100 ~ 120 千克，比我们人类大多数成人要重。这头小象已经生下来数天了，按理说，起码应在 100 千克以上。但称了一下，发现它只有 76 千克重，非常瘦，瘦到一根根肋骨都能看见。

小象的伤情如此严重，令人非常担忧。当晚，救护与繁育中心的领导亲自挂帅，组成了有 20 多人的救援队，对小象展开救助。

最初的前 3 天，是最令人揪心的。“大象医生”也从来没有救助过刚出生才几天的小象啊。这在人类的临床医学分类里，相当于治疗“婴幼儿”的小儿科，这真是前所未有的挑战！

救护与繁育中心的饲养员们有一个非常人性化的名字，叫“象爸”。这是基于大象与其他动物有显著区别的特征而起的名字。大象有着陆生动物中最大的大脑，因此大象大脑中的海马体也比较发达，是充满情感的动物。对平时照护自己的“象爸”，大象会产生特别的情感依恋。因此在救助与繁育中心，通常采用固定两位“象爸”照顾一头大象的方式，便于建立大象与人的情感联系。为了救助这头小象，中心也专门为它挑选了两位有经验又敬业、有爱心又耐心的“象爸”。

这两位“象爸”，24 小时不离身地照护小象。当时，小象极度虚弱，7 个人扶不住它。只要哪个人用手推它一下，甚至摸它一下，它就立马倒了。他们决定，必须立即给小象寻找“奶妈”，为它的成长提供必要的营养。要知道“婴儿期”的小象还不会吃草，只能喝象妈妈的母乳，但它的生母已经跟着象群走进大山里了，这可如何是好！

“必须给小象找到合适的奶源！”

他们最初想到的，可能和我们一样：给小象喂牛奶。我们人的小宝宝要是喝不上母乳，不是给小宝宝喂牛奶吗？对人来说，牛奶可是营养最好的啊！没想到，给小象喂食牛奶后，小象拉肚子了，明显消化不良。

那怎么办？救护与繁育中心的专家赶紧检索国际资料，发现德国专家曾做过研究，结论是：羊奶的成分更接近象奶。但小象能吃的，还不是普通的羊奶。平时超市向市场销售的羊奶粉并不适合小象，因为只要是给人类饮用的羊奶制品，或多或少会有不同程度的添加剂。而给小象喝的羊奶粉必须用母羊挤下的奶直接烤干，没有任何添加剂，只有这样的羊奶才适合喂养小象。

果然，小象爱上了这样专门订制的羊奶。它的胃口也渐渐大了起来，一天能喝上二三十千克羊奶。

为了保证小象充分吸收羊奶的营养，增强体质，“象爸”还在小象每次喝奶前，帮它暖肚子，每喂完一次奶，都要用热毛巾给它擦试鼻子和口腔。而治疗用的器械，则每次使用前都要高温消毒。

当时，救护与繁育中心还在员工中开展讨论：给这头小母象起个什么名字？“象爸”们说，它刚生下来就和母象分离，还命悬一线，要给它起个吉祥一点的名字，让它顺顺利利、健健康康地长大才好。有个“象爸”说，我们当地人觉得给孩子起个小猫小狗一样的土一点的名字，好养活，名字就起个“土”一点的吧！这时，一位“象爸”建议说：“今年是羊年，它又是喝羊奶长大的，还是头小母象，就叫它‘羊妞’吧！”

这个建议得到了大家的一致认同，“羊妞”这名字就这么确定了。

在救护与繁育中心的精心治疗和照护下，“羊妞”很快恢复了健康。

每月 18 日，他们都会给“羊妞”精心做一次体检，记录下“羊妞”的成长情况。

在进入救护与繁育中心 1 年零 4 个月以后，“羊妞”的体重已经达到了 410 千克。

小象喝奶要喝到几岁呢？我请教工作人员。

“小象断奶的时间通常是 3 岁多。现在‘羊妞’还不到 1 岁半，所以，目前我们会给它加一点水果。就像我们小孩子能正式吃米饭前，家长会先喂它一段时间的‘奶糊’一样。3 岁之后，小象开始会吃嫩一点的叶子，慢慢地它的食谱会越来越广。”

这里不能不介绍一下大象的牙齿和它食物之间的关系了。人们通常认为大象最神奇的牙齿是象牙。确实，象牙够神奇的，地球上这么晶莹剔透看似温润如玉又坚硬无比的，就只有大象独有的长长的门齿了。大象用它的象牙进行打斗，在森林中开路，以及在灌木丛中撬铲食物。但大象平时研磨、咀嚼食物，主要依靠的却是臼齿。大象的臼齿同样非常神奇噢！要知道我们人的一生共有两组牙，幼儿时期长出的“乳牙”从6岁起逐渐脱落,之后换上的是终其一生的恒牙。而大象的臼齿竟然可以换6次！要是人的牙齿也能换6次，那多好啊！

更神奇的是，大象的臼齿是左右两边长长的一整颗臼齿，上面的脊突是区分和鉴别长鼻目物种的重要形态特征。大象臼齿换新的方式十分特殊。我们人类的牙齿是从下往上长的；而大象的臼齿却是从后往前长，是“新牙推旧牙”，就像在牙床下长了传送带一样。大象的最后一颗臼齿，通常在大象40岁左右时完成替换。

大象为什么一生要换6次臼齿呢？大自然让大象进化出这个功能又是为了什么呢？专家分析说，大象作为植食性动物，它的食谱上有近 240 种食物，有狗尾草、野芭蕉、竹子等，成年大象每天的进食量在 160 ~ 300 千克之间，是人的 100 多倍，日常进食对臼齿的损耗非常严重，而食草动物的牙齿与它的寿命正相关，一旦它的最后一颗臼齿磨损殆尽，大象就丧失了咀嚼食物的能力，大象可没有“牙防所”可以补牙装牙啊。所以，大象才进化出了一生可以换 6 次臼齿的这一功能。

为了让“羊妞”喜欢大自然、适应大自然，为将来有一天回归野象群做好准备，“象爸”每天一早带“羊妞”去周边的山里散步，让它熟悉和喜欢山林的味道。平时，“羊妞”还经常和救护与繁育中心的另一头“阿姨辈”的大象“然然”一起散步和玩耍。

“然然”象龄已经 20 岁了，它是怎么进救护与繁育中心的呢?

那还是在 2005 年 7 月 7 日，那天傍晚 6 点多，野象谷景区工作人员在观象台下的河道里发现一头受伤的小象，它的左后腿带着一个铁夹，在离象群 3 ~ 4 米处独自甩动着这伤腿。当它看到我们的工作人员时，并没有逃跑，而是有意靠拢过来，似乎有求救的意思。

接报后，西双版纳国家级自然保护区的管理人员和州森林公安民警连夜赶赴现场，确认被村民用来夹野猪的铁夹夹伤左腿的是一头3岁左右的小母象。观察发现，它的左后腿伤口很深，估计是被铁夹夹住后，在象群中成年象的帮助下，使劲挣脱铁夹带着的铁链时造成的。小象虽然挣断了固定在地上的铁链，但也给左后腿造成了很深的伤口。如不及时将铁夹去除并进行医治，它极有可能因伤口继续溃烂、感染而丧命。

此处必须科普一下，要把象腿弄成"鲜血淋漓"，这会是多严重的伤口：大象的皮肤平均厚度为2.5 ~ 3厘米，是人类皮肤厚度的10倍。而整天翻山越岭的大象四肢上的皮肤，厚度肯定超过大象全身皮肤的平均厚度。这触目惊心的伤口，让人想到这下兽夹的人，给这头小母象带来何等剧烈的疼痛，真是令人愤怒啊！

次日上午，西双版纳州林业局、西双版纳国家级自然保护区和州森林公安局三部门联合会商，决定成立"7·07"亚洲象抢救专案组，决定使用麻醉枪以先行麻醉的方式抢救受伤的小象。云南省林业厅批准了这一抢救方案，还派出4名救治专家前来协助。当天下午，由有关单位和部门组成的

80多人的营救小组，也立即奔赴野象谷，在山林追踪野象群，寻机抢救受伤的小象。

当天下午，营救人员发现了野象群的踪迹。直到下午6时50分，他们才终于抓住有利时机，用麻醉枪击中小象臀部。这麻醉药的药效很强，是可以通过肌肉注射发挥药效的，所以击中小象臀部是非常正确的选择。10分钟后，小象就被麻醉倒地，并开始打鼾。营救人员当机立断，迅速冲向倒地的小象，实施捆绑固定，取下兽夹将小象拴在附近一棵大树上，然后立即对它的伤口进行了紧急处理。

第二天清晨，抢救组召开专家会议研究治疗方案。不料正开着会，意外的消息传来，小象已挣脱铁链，逃进密林中。“追！”抢救组意识到，必须争分夺秒地找到小象展开救治。

当天下午1时10分，营救人员终于再次发现小象踪迹，武警西双版纳森林大队的十几名战士将小象围到三岔河河滩。经过30分钟周旋，十几名身强力壮的战士一拥而上，再次将其捕获。因其为母象，营救人员遂给它起名“然然”。

“然然”伤情严重，伤口深可见骨，严重感染至肌肉腐烂，但在“大象医生”的精心救治和护理下，终于重获新生。

其实，西双版纳的野象一旦受伤了，它会主动走到人群边上，寻求人类的帮助。你想，如果它受伤了，为了躲避人类只往深山里走，那就谁也发现不了。人们之所以能救助大象，是因为大象其实相信人会救助它，否则你连救助它的机会都没有。

亚洲野象有着超强的记忆力。它们能记住象群的每一张面孔，还能记住上百千米外的水源位置，以完成长途迁徙。它们还是爱憎分明的群体，如果有人偷猎大象，或杀害小象，愤怒的象群会像特战队士兵一样在夜晚以雷霆万钧之势摧毁作恶者的村庄。

这样想来，当救护与繁育中心的“大象医生”和“象爸”们救助被村民下的铁夹而伤及的“然然”，这与其说是在救助小象，其实何尝不是在为同胞所犯下的错误补过?

大象有着超乎人类的嗅觉、听力和触觉。非洲野象的嗅觉感受基因数量是狗的2倍、人的5倍，能闻到百米之外的气味。大象的听力能感知和发出20赫兹以下的次声波，传递的距离可达数十千米。而它的触觉极为敏感，甚至能感知到百千米外的地震波。

要是“大象医生”和“象爸”们不是在救助“然然”和“羊妞”们，而是相反，那“然然”和“羊妞”们的父母兄长会不会早就闯进救护与繁育中心兴师问罪了？

“人象和谐”，肯定是我们人类的向往；其实，这何尝不是野象们的向往？

在云南西双版纳国家级自然保护区科研所，我看到这么一组数字：现在地球上还生活着 40 万头非洲草原象，生活着 6 万 ~ 15 万头非洲森林象，以及 4 万 ~ 5 万头亚洲象。它们加在一起，最大值可能不超过 60 万头，不及人类的万分之一。回想当年，在历史的长河中，它们曾经气概非凡地横跨欧亚非美大陆，无论在西伯利亚，还是在阿拉斯加，都留下了它们深深的脚印；而今天，大象却仅存于非洲和亚洲的南部。

无疑，今天的人类确实是在真心实意地救助野象，但真的是我们在救助野象吗？不妨设想一下，如果地球上没有进化出人类，野象会不会比现在生活得更好呢？会不会它们的生存空间更大，繁衍的后代更健康更安全？

我们不能不思考：这究竟是我们在单向地救助野象呢，抑或，我们其实也在救赎自身？

黄海之滨，重现麋鹿撒欢

麋鹿，一个曾濒临灭绝的物种，终于在它的原生地重新建立野生种群，成功复壮。

这意义非同寻常。

中国科学院动物研究所首席研究员蒋志刚认为，麋鹿起源于早更新世晚期，距今已有二三百万年，几乎与人类的起源时间相同。3000 多年前，麋鹿发展到鼎盛时期，约有 1 亿多头，而当时全球人类的总数约 1.5 亿。

麋鹿的原生地为我国长江、黄河的中部平原。考古发现的甲骨文中，有不少就是刻在麋鹿的肩胛骨上的，堪称我国最早的文字载体之一。

在源远流长的中华文化中，麋鹿一直是咏物抒志的对象。宋代散文家苏洵诗曰："泰山崩于前而色不变，麋鹿兴于左而目不瞬。"屈原写过"麋何食兮庭中，蛟何为兮水裔"的诗句。而李白的"各守麋鹿志，耻随龙虎争"，更是流传至今的名句。

江苏省大丰麋鹿国家级自然保护区，1986 年由原国家林业局和江苏省人民政府联合批准建立，同年，从英国伦敦 7 家动物园引入 13 雄、26 雌总共 39 头麋鹿。经过精心喂养和野化照护，如今已成为世界上最大的麋鹿保护区，拥有世界上最大的麋鹿种群，共 7033 头，占全世界总量的 70% 强，并建立了世界上最大的麋鹿基因库。

曾任江苏省大丰麋鹿国家级自然保护区常务副主任的麋鹿专家丁玉华因对麋鹿保护的杰出贡献，获得了“斯巴鲁生态保护奖”；人民日报社《中国经济周刊》和湿地国际——中国办事处也将“中国生态保护最佳湿地”奖，授予了江苏省大丰麋鹿国家级自然保护区。

濒临灭绝“重引入”

麋鹿，民间俗称“四不像”：角似鹿非鹿，面似马非马，蹄似牛非牛，尾似驴非驴。

没有尖牙利爪的麋鹿，很早就成为人类刀枪箭矛的目标，从周朝起就走向衰亡。直到1865年，法国传教士大卫用20两纹银从北京皇家猎苑的卫兵手里换得麋鹿的一个头骨和两张皮，并带到法国，博物学家爱德华鉴定其为新的鹿种，麋鹿才有了正式的拉丁文名字：Elaphurus davidianus。1866年，麋鹿正式进入生物学的物种序列。令人痛惜的是，人类刚刚认识了这个珍稀物种，它就濒临灭绝了。

1894年，北京永定河泛滥，洪水冲垮了豢养着中国最后120多头麋鹿的皇家猎苑的围墙，麋鹿成为饥民猎杀果腹的对象。侥幸逃生的几头麋鹿，1900年又死于八国联军之手。从此，麋鹿作为种群在中国绝迹了。

让麋鹿这一物种得以幸存的是英国乌邦寺庄园主贝福特公爵。1895年7月，他花重金购买了1头雄性麋鹿，6年后又购买了2头雌性麋鹿，使麋鹿在异国他乡重新开始繁衍。到1901年，贝福特公爵总共购买了18头麋鹿。从这个意义上来说，目前全世界的麋鹿都是乌邦寺庄园麋鹿的后代。

上世纪 80 年代初，英国首相撒切尔夫人访华，世界自然基金会向中国人民赠送 39 头麋鹿，当时的国家林业部开始为麋鹿选择可以安家的自然保护区。

很多地方都竞相邀请麋鹿前去安家。国家林业部最初的设想是将保护区设在辽宁，但上海自然博物馆研究员、古生物学家曹克清获悉后，提出麋鹿是温带沼泽大型食草动物，辽宁的无霜期偏短而冬日漫长，恐不利于麋鹿生长，建议在长江中下游建立适合麋鹿生长复壮的保护区。

这在生物学上称为“再引入”，就是指生物有机体被有目的地释放到其历史分布区域内，而在该历史分布区域内目前已无该物种的野生种群。

于是，国家林业部、世界自然基金会的专家前往扬州、泰州一带寻找适合麋鹿安家的湿地。这是因为那里出土过很多麋鹿的化石和亚化石，说明生态环境比较适合麋鹿生存。但保护区至少需要 1.5 万亩地，这让当地政府感到为难。

专家组于是转向江苏沿海地带。限于当时的条件，专家在沿海湿地滩涂考察时还只能乘农用手扶拖拉机。一天，手扶拖拉机在湿地中行进时，一头受惊的獐子蹿过车头，把拖经过 30 多年的努力，目前麋鹿种群已全面覆盖已有栖息地，分布地点从最初的江苏盐城大丰麋鹿国家级保护区等 2 个，增至现在的 83 个。

30 多年的精心付出和努力，挽救了一个原本濒危的物种。

大丰麋鹿国家级自然保护区繁衍着世界最大的麋鹿保护种群。 郑 蔚 摄

当麋鹿的种群越来越壮大，我们可以期待将来在我国农村出现越来越多的人工驯养的麋鹿，就像今天人们驯养梅花鹿、马鹿，甚至就像养殖黄牛和水牛一样普通。

拉机手吓了一跳。车上的世界自然基金会贾杰尤斯博士激动得大叫起来："快停车！"他兴奋地跳下车说："獐子是麋鹿的伴生动物，獐子可以生存的地方，麋鹿肯定能生存。"然后，他又激动地跑到边上的小水沟旁，俯下身观察，见水沟里有小蝌蚪，马上让专家组就地开展生态环境的调查。因为水里有蝌蚪，说明虽然这里滨海，但湿地的水还是淡水，麋鹿可以饮用。

调查包括植物群落、动物群落，以及水土气象等内容。连续 20 多年的气象统计资料显示：当地年平均气温 14.1℃，极端最低气温 -12 ～ -10℃，但每年仅 2 ～ 3 天，而全年无霜期为 215 天，冬天较短，适合麋鹿生长。更何况，当地政府热忱欢迎麋鹿归来，不仅愿意拿出 1.5 万亩湿地，还有几万亩后备土地可供保护区使用。

这里，就是江苏大丰。

"纵火专家"战血蜱

1986 年前，丁玉华还是大丰当地土生土长的一名年轻兽医。生于大桥镇联丰村的他，父母都是农民，由于家境贫寒，他从小穿的是姐姐穿剩的旧衣裳。他像很多农家回乡务农的孩子一样，当过生产大队的农技员、小学代课老师，然后被推荐到盐城上了“五七农大”，学的是畜牧兽医专业。

对麋鹿保护区初创期的艰苦，丁玉华难以忘怀。他说，当时保护区开会，只有 4 张木方凳，很多人只能蹲在地上记笔记。

保护区的工作让丁玉华大开眼界。1986 年，他前往东北林业大学进修；1990 年 5 月，他又被派往美国史密索尼科学研究院系统学习野生动物保护管理知识和研究方法，从此走上专家道路。

远渡重洋归来的麋鹿，面对的是陌生的故乡。39 头麋鹿中，13 头是公鹿，26 头是母鹿。每年 3 ~ 5 月是麋鹿产仔的季节，但 1987 年春夏，母鹿群先后产下的 7 头仔鹿，因为种种原因均为死胎。这如同阴云一样重重压在保护区的上空：如果麋鹿不能繁殖，就意味着“重引入”彻底失败。

第 8 头母鹿将要产仔的时候，丁玉华和他的同事一刻不离地隐蔽在草丛中，用望远镜监视着，每隔一分钟做一次记录。只见母鹿在茅草中站立不安，最后躺着产下仔鹿。产后，它主动舔干净仔鹿。20 多分钟后，仔鹿试图站立，它先撑起后腿，再撑起前腿，不料一个踉跄，站立不稳，摔进了边上的水沟里。

这时，丁玉华什么也顾不上了，冲过去，跳进水沟，抱起仔鹿就跑。这可是保护区第一头产下的麋鹿啊！

20 多年过去，如今大丰母鹿的怀孕率和产仔率均达到 70%，产仔存活率更是达到 95% 这一世界领先水平。

但更凶险的考验还在后头，那就是潜伏在湿地里的长角血蜱。芝麻大的长角血蜱吸取寄主的血后，可涨到豌豆大。一头麋鹿被成千上万只血蜱吸血后，营养丧失，甚至直接丧命。有多头麋鹿接二连三惨死在血蜱的围攻之下。上个世纪 90 年代初，在长角血蜱最猖獗的时候，丁玉华在湿地里走了 800 米，结果发现身体上爬了上万只血蜱。一场“人蜱大战”拉开了序幕：洒杀虫药、深耕土地，在麋鹿的体表涂药水、给麋鹿喂药，等等。这些对策不仅成本高，而且可操作性不强，还可能污染环境。血蜱依然占据上风。

1994 年的一天深夜，在保护区宿舍里睡觉的丁玉华被“痒”醒了，拉亮电灯一看：原来几根试管被老鼠撞到地上跌碎了，试管中培育的蜱虫倾巢而出，有的蜱虫爬到他床上，有的则顺着灯绳爬到电灯泡上，被点亮的灯泡烤死了。一个灵感闪过丁玉华的脑海：灯泡可以烫死血蜱，那能不能用火攻血蜱呢？

经过反复试验，丁玉华制订了一整套用火消灭长角蜱虫的攻略——气温在 8℃以下，蜱虫还在地下“冬眠”；气温 12℃以上，蜱虫才爬上草尖，这时最适合火攻。于是，每年的 3 月下旬到 4 月上旬，只要风力小于 3 级、气温达到或超过 12℃，就放火灭蜱。

为了防止意外，被称为“纵火专家”的丁玉华将员工分为点火组、扑灭组和清理组。春天里的一把火，终于将长角血蜱的密度下降了 90%，控制住了灾情。

丁玉华告诉我，自此以来，再也没有麋鹿惨死在长角血蜱的嘴下。

给麋鹿戴上 GPS 颈圈

作为中国鹿类专家组专家、湿地国际中国项目处专家的丁玉华，25 年来，先后主持过 28 项科研课题，其中 4 项填补了世界麋鹿研究史上的空白，取得的研究成果达 80 多项。

自 1998 年麋鹿首次野化放归开始，至今已经进行了 5

轮野化放归。最初的野化放归中，麋鹿只戴过无线电颈圈，而后来新的野化放归则同时开展“野生麋鹿行为研究”，给麋鹿戴上了有 GPS 系统的颈圈。保护区还与国内高校合作，开展对麋鹿的分子生物学和遗传基因标记的研究。为了提高种群的基因质量，大丰麋鹿保护区还与国内其他麋鹿自然保护区合作，开展麋鹿远缘种群的血统交换，并建立麋鹿种群的谱系档案……

大丰麋鹿国家级自然保护区核心区的面积有 4 万亩之大，从 1998 年 11 月起，分 4 批总共放归了 53 头麋鹿，到 2012 年已有 182 头麋鹿。到 2022 年，野化种群已经达到了 2658 头，是世界上最大的野化种群，结束了全球百年来无完全野化的麋鹿种群的历史。

回想 2012 年冬天，我去大丰麋鹿国家级保护区采访时，尽管气温接近 0℃，有点冷，但空气清冽而新鲜，通透度很高。那天，丁玉华对跟在身后的我说：“你今天运气真好，一定能拍到野生麋鹿群。”

出发前，工作人员拿来几件草绿色棉大衣给我们换上：必须穿草绿色棉大衣才能接近麋鹿。

丁玉华说：“麋鹿的视力可以分辨四种颜色：黑色、

白色、绿色和红色。水体呈白色，植物是绿色，而红色是最危险的颜色。在麋鹿的记忆基因里，红色意味着火焰和鲜血。”

换上了草绿色棉大衣，我们向发现野生麋鹿踪迹的第三核心区进发。

“要是刮风下雪了，这些麋鹿怎么办呢？”已经是小寒天气，我不免担心。

丁玉华笑了：“麋鹿刚回大丰时，我们也是这么担心的。早早地在保护区里造好了一栋栋‘别墅’，好让麋鹿安居。哪想到，麋鹿对‘别墅’毫无兴趣，根本就不进去。我们一看不行，就给麋鹿造了有顶的大棚，好为麋鹿遮雨挡雪，但它们毫不领情。眼看寒流要来了，我们马上又造了一堵高墙，想帮助麋鹿抵挡西北风。谁知道，麋鹿根本不需要这堵墙，没有一头麋鹿站到墙边上。”

那麋鹿是怎么过冬的呢？

“寒风刮过来，麋鹿会主动迎风站立。迎风站立的好处是，它的体毛不会被吹乱，会紧贴在身上保温。麋鹿一年换2次被毛，春天换的是夏毛，棕红色，密度比较低，便于透气；而秋天换的是冬毛，密度很高，每平方厘米约有160多根，每根毛还有 4 ~ 5 个纹波状，可以大大增强体毛的保暖性。”

第三核心区遍布高高的芦苇和互花米草。幸亏是冬季，否则不穿长筒雨靴进不去。尽管如此，湿地上还是留下了很多麋鹿的脚印。麋鹿的蹄子不是有 4 个脚趾吗？怎么留在湿地上的脚印只见前面的 2 个大脚趾呢？

“这就是人们为什么说麋鹿是‘四不像’的原因了。麋鹿的蹄子似牛非牛，它只用前面的两个大脚趾支撑着全部的体重，后面的两个小脚趾不着地。更大的区别是，麋鹿的两个大脚趾间长着鸭蹼一样的皮腱膜，在沼泽中行走的时候，皮腱膜可以增加麋鹿与地面的接触面，减少对地面的压强，走得更快；如果在水中游泳，蹄子就像船桨一样划动，加快游泳的速度。1997 年长江发洪水时，在湖北石首保护区的一群麋鹿，竟然游过长江自我放归。所以，麋鹿还是游泳健将啊！”

丁玉华边讲授麋鹿的知识，边带我走向第三核心区芦苇荡的深处。

对“天敌”有超强的基因记忆

那次，我们终于在湿地中发现一个小土坡，赶紧“登高望远”。丁玉华在望远镜里敏锐地发现前方三五百米远的互花米草中，有一群野生麋鹿。“大约有 50 多头。”我刚通过照相机长焦镜头找到麋鹿，丁玉华已经报出了这群野生麋鹿的数量。

“它们发现我们了吗？”第一次遇见野生麋鹿，我自然怕它们跑了。

“它们已经发现我们了，只是还没有觉得我们对它们构成威胁。”

果然，尽管离它们还很远，但所有的公鹿都一动不动警惕地凝望着我们。

丁玉华告诉我，如果麋鹿发现陌生人靠近，会自发地逃避。但跑出三五十米后，麋鹿会停下来，甚至往回走 10 多米，以观察惊扰者的动态。如果人继续向它靠拢，麋鹿就会大惊而遁。因此，走下小土坡时，尽管有重重叠叠的互花米草的阻隔和遮挡，我们还是不敢直线接近它们，而是从“侧面”迂回。

这让我想起中科院动物研究所首席研究员蒋志刚 2 年前在大丰做的一个科学实验：在 200 米距离外，给麋鹿听狗、狼、狮、虎这 4 种动物的声音。播放狗叫声时，公鹿抬头看看四周，继续吃草；狼叫声起，麋鹿无动于衷；狮子吼叫时，麋鹿全无反应；而当虎啸声起，鹿群大惊，所有的公鹿冲向扩音器，一字排开准备迎战，其后是母鹿组成的第二道防线，所有的仔鹿躲在母鹿身后。这几乎是所有社会性较强的群体动物经典的“迎战”队形。

雄性麋鹿 3 年性成熟，雌性麋鹿 2 年性成熟，母鹿的怀孕期为 280 ~ 290 天，因此只要 5 年时间，就有可能繁衍两代麋鹿，但通常可以将 4 年时间算作麋鹿的一代。这几代麋鹿根本没有遇到过老虎，但老虎作为麋鹿的天敌，早已烙进了麋鹿的基因里，基因记忆的力量竟然是如此强大！那为什么麋鹿对狮子的吼叫置若罔闻？因为原本在中国“土生土长”的麋鹿，基因里就没有对生活在非洲的猛狮有记忆，难怪它对狮子的叫声毫无反应。

这时，我发现一个问题：眼前这群麋鹿中，只有 2 头是长角的公鹿。

丁玉华笑道：“麋鹿确实只有公鹿长角，母鹿不长角。但每年的 12 月至次年 1 月之间，公鹿会掉角。公鹿掉角后，从原来的角基上长出鹿茸，鹿茸生长较快，2 ~ 3 个月里就会长好。在次年的 4 月份，鹿茸就开始角化，变成骨质角。

5 月份，公鹿进入发情期，开始通过‘角斗’竞选鹿王，足见‘角’的重要性。眼下 2 头还有角的公鹿，很快也会掉角长茸的。”

麋鹿有“角似鹿非鹿”之说，这是为什么呢？丁玉华指点说：“麋鹿角与别的鹿角不同。别的鹿角是向前分叉生长的，而麋鹿的角是向后分叉生长的；而且多数鹿角的角尖，在同一个水平线上。所以，只有麋鹿的角，是脱下后倒置后可以平稳不倒的，别的鹿角都做不到这一点。”

另外还有一件趣事，梅花鹿、马鹿都是夏至脱角，只有麋鹿是冬至脱角的。有一次，乾隆皇帝在读《礼记·月令》时，读到“仲夏月，鹿角解；仲冬月，麋角解”时，颇感困惑，疑有误，令人去南海子麋鹿苑查证后报来。下人赶到麋鹿苑，发现麋鹿脱角果然与其他的鹿不同。因此，虽然在我们今人眼里，梅花鹿、马鹿与麋鹿没有太大的区别，但在前辈古人那里，还是有明显区别的。盐城市麋鹿研究所所长解生彬说：“古人认为梅花鹿、马鹿等鹿科动物是山兽，属阳，所以夏至脱角；而麋鹿喜欢湿地，所以是水兽，属阴，因此冬至脱角。公麋鹿第一年生长的鹿角，是像铅笔一样直直的一截，但之后越年长分叉也越多，每年增加一个分叉。所以，看麋鹿有没有角，可以分公母；看一头公鹿有多少个角，可以识鹿龄。”

有趣的是，人们很难发现脱落的鹿角，这是因为公鹿会将脱落的鹿角隐藏起来。脱落鹿角对麋鹿来说，如同失去了最重要的防卫“武器”，而隐蔽起脱落的鹿角，是为了防止天敌发现其踪迹，这源自麋鹿经年累月形成的自我保护本能。

每年 5 月，捉对角斗选出鹿王

这群野生麋鹿里既有公鹿也有母鹿，公鹿和母鹿平时生活在一个群体里吗？

“鹿群从每年 5 月份起进入发情期，时间约为 3 个月。在发情期内，所有的母鹿只能和鹿王生活在一起，不能接触其他公鹿。而其他公鹿则临时组成‘同性成体群’。但从 9 月到翌年 4 月的非发情期内，鹿王、母鹿和其他公鹿又友好地生活在一起，被称为‘异性成体群’，就是你现在看到的情况。”丁玉华介绍说。

鹿王是怎么选出来的呢？

“鹿王是从公鹿群中公平竞争选出来的。每年 5 月，公鹿开始自由选择体力、等级序位与自身相近的公鹿捉对角斗，胜者进入下一轮，最后的胜利者就是鹿王。有趣的是，公鹿角斗时，从来不会选择个头明显小于自己的对手，一定是选和自己体格相当的对手，秉承的是公开、公平、公正的原则，颇有王者风范。失败的公鹿自动离开，愿赌服输，也有绅士风度，然后去自行组成‘同性成体群’。”

获胜的鹿王做的第一件事就是把母鹿圈起来，“公告天下”，并在母鹿群外走两圈，通过用鹿角蹭划树干或撒尿等方式划定母鹿群的活动范围。丁玉华说：“鹿王还会将草顶在自己的角上，犹如皇冠；或在身上涂满泥巴，犹如盔甲，以壮其威权。每年 6 ~ 8 月为鹿王的交配期，其‘妃子’的群体少则有 20 ~ 40 头母鹿，多则有 70 ~ 80 头母鹿。这 3 个月里，鹿王很少吃喝，潜心管理母鹿群和播种下一代，3 个月里通常会减轻体重 10 ~ 15 千克，有的鹿王甚至减重 20 千克。由此可见，繁育后代，无论对公鹿，还是对母鹿，都是体力活。鹿王也真够呕心沥血啊！”

鹿王的“任期”有规定吗？

“鹿王可以‘连选连任’。但在我们这里任期不能超 3 年，因为母鹿2年性成熟，如果第4年还是这个鹿王，就有可能和它的‘女儿’交配，从而影响种群基因的质量。”

眼前的这群野生麋鹿里，究竟谁会是未来的鹿王呢？

无疑，是体格最健壮的那头公鹿。

超出最小“有效种群”值

在返回的路上，丁玉华告诉我，保护区的麋鹿群有三种生活方式：野化放归、半散养和全人工饲养。所谓半散养，就是生活在有2000多亩地大的围栏里，春夏秋三季不投料，只在冬季给麋鹿部分投料，投料量占麋鹿食量的六成左右。

哪种生活方式的麋鹿长得最健康呢？丁玉华说：“根据我们的调查统计，从个体的体形大小和体质健康来判断：野生最健康，半散养其次，全人工喂养的最次。”

但这么多头麋鹿从渊源上来说，都是乌邦寺18头麋鹿的后代，会不会因“近亲繁殖”而出现种群退化呢？

“目前还没有发现种群退化的迹象。这有两种可能：一种是种群数量的急剧减少后，已经度过了濒临灭绝的‘瓶颈效应’期，劣质基因漂移缺失，种群质量得到稳定；二是这 100 多年的时间还太短，基因退化的时间还没有到来。重要的是，大丰已经有了世界上最大的野化和半野化的麋鹿种群。野生麋鹿在完全野化的情况下，生下了小麋鹿，这些全野化的麋鹿又繁育了下一代。到 2022 年，全野化的麋鹿已经到了子 7 代，这是珍稀野生动物拯救的巨大成功。

“大型哺乳动物种群的数量达到 500 头，其保持物种基因库的最小‘有效种群’值就是 50。如果低于 50，种群的基因质量就会不断下降，它的遗传多样性就无法受到保护。而如果达到 500，就是一个比较理想的有效种群。”

有效种群值 500，就意味着至少要有 5000 头麋鹿。经过大丰麋鹿保护区 30 多年的努力，这一目标已然超越。但麋鹿保护区的专家们并不满足，他们又酝酿了新的目标。

像驯化梅花鹿一样驯养麋鹿

来自国家林草局权威信息说，经过 30 多年的努力，目前麋鹿种群已全面覆盖已有栖息地，分布地点从最初的江苏盐城大丰麋鹿国家级保护区等 2 个，增至现在的 83 个。全国麋鹿总数已经超过 1 万头，其中野外种群数量达到 4400

多头。2022 年新生小麋鹿数量也再创新高——1036 头。

30 多年的精心付出和努力，挽救了一个原本濒危的物种。

大丰麋鹿国家级保护区最初引进的麋鹿只有 39 头，如今麋鹿总数达到了 7033 头，增长了 180 倍。

大丰麋鹿国家级保护区的面积，也从原来的 1.5 万亩，扩大到了 4 万亩。这 4 万亩的地域，分隔成用围栏隔开的 4 大片，麋鹿不能进入对方的地域。解生彬说，将麋鹿种群做适度的分隔，其主要目的是为了防止流行性病疫的发生。

今天，全国麋鹿总数已超万头。设想一下，如果再过 30 年，麋鹿的种群数量会是多少？只要地球没有大的自然灾害，30 年后达到 10 万头，或许已无任何疑问。也许，它更可能是 50 万头，甚至是 100 万头。那会不会意味着有另一种可能？

人类现在养殖的牛和羊，是人类经过长期对其驯化而来，如今它们已经成为人类重要的优质蛋白质的来源。

梅花鹿和马鹿，如今已实现了人工驯养。人工养殖的梅花鹿和马鹿，鹿茸是中医传统的宝贵药材，不仅得到了国家的认可，而且正为社会创造着财富。

麋鹿种群的回归复壮，是不是意味着未来可能将向两个方向发展：一是继续野化放归，保持种群的原生性和活力；二是实现规模化的人工驯养，就像现在的人们驯养梅花鹿和马鹿那样，从而不仅有生物多样性的价值、有生态平衡的价值，而且还有经济价值。

解生彬告诉我，大丰麋鹿国家级保护区从 2017 年开始探索麋鹿人工驯养项目，到 2020 年，成功驯养了 78 头麋鹿，建立了人工驯养的种群。

不能不问：这人工驯养的麋鹿是从哪里来的？是从麋鹿妈妈怀里硬生生夺走它的小麋鹿吗？

解生彬说，他们发现，年轻的麋鹿妈妈在头胎的情况下，遗弃小麋鹿的情况时有发生。也许，造成这种情况是因为那时它们还太年轻，还没有做好当母亲的心理准备，确实还不会照应和哺育自己的小宝宝。

刚生下来的小麋鹿一旦被母亲遗弃，存活的概率很低。

因此，大丰保护区的巡护员只要发现怀孕的母鹿，就格外关注。一旦发现有被遗弃的小麋鹿，就立即把它们抱回来喂养照护。这些小麋鹿有可能连自己生母的一滴母乳也没有吃过，所以他们必须为小麋鹿找到最适合它们身体状况的奶汁。经过无数次的摸索，他们发现能替代麋鹿妈妈乳汁哺育小麋鹿的是牛初乳。

也就是说，牛初乳的营养成分，与麋鹿的母乳最为接近。

喝着牛初乳的小麋鹿终于平安度过了它从滩涂被救助回来的最初的24小时、48小时……小麋鹿一天天长大。通常，小麋鹿喝母乳的时间长达7 ~ 8个月，它每天的饮用量大约为2500克。

解生彬说，麋鹿的人工驯养项目为麋鹿种群的繁殖扩群、精细化管理积累了科研技术资料，还为麋鹿远缘基因交换、建立麋鹿种群可持续发展物种基因库创造了可能。

当麋鹿的种群越来越壮大，我们可以期待将来在我国农村出现越来越多的人工驯养的麋鹿，就像今天人们驯养梅花鹿、马鹿，甚至就像养殖黄牛和水牛一样普通。

为了麋鹿种群的进一步扩散和扩大放归，2022年9月29日，在国家林草局、中国野生动物保护协会和江苏省林业局的联手推动下，内蒙古大青山国家级自然保护区管理局、北京麋鹿生态实验中心和江苏省大丰麋鹿国家级自然保护区共同实施了在内蒙古大青山自然保护区的麋鹿野外放归。国家林草局野生动植物保护司动物管理处处长李林海说，这次总共放归了 27 头人工饲养的成年个体，其中 10 雄 17 雌，每头都戴有 GPS 颈圈。这其中，有 5 头就来自大丰麋鹿国家级自然保护区。

位于阴山山脉中段的大青山保护区，是我国北方最大的森林生态系统类自然保护区，它还是我国季风与非季风区的分界线，也是古代游牧文化与农耕文化的分界线。保护区山体相对高度 800 ~ 1000 米，南坡陡峭，受东南海洋季风的影响，为大青山南麓带来了较为温和的气候和雨水，而北坡平缓，直接承受和阻挡西伯利亚寒流、蒙古高原风沙对土默川平原、华北平原及首都北京的侵袭。区域内有着完好的山地森林、灌丛 - 草原生态系统，麋鹿如能在大青山野化放归成功，那意义非凡。

上月，来自新华社的消息说，已经有 9 只麋鹿幼崽陆续在内蒙古大青山国家级自然保护区降生，这是当地野化放归麋鹿种群成功繁衍的子一代，标志着我国首次在蒙古高原南缘的华北区与蒙新区过渡带成功建立野生麋鹿种群。

大丰麋鹿国家级自然保护区也为麋鹿种群的扩散做出了贡献。解生彬说，目前，新降生的小麋鹿健康状况良好。

西北大漠，驰骋着普氏野马野骆驼

第一章：戈壁寻踪

普氏野马是世界上仅存的野生马，堪称研究马的起源的“活化石”。

而野骆驼，珍稀程度堪比大熊猫。

从动物演化史看，我们人类与现代马属动物[①]同是地质史上第四纪的产物。马无疑是大自然最神秘的造化之一。大多数动物学家认为，现今的家马即是以欧洲和亚洲野马为主体血缘驯化和培育而成。而6000万年前的始祖马几乎完全不是我们今天熟悉的马的样子，它仅狐狸大小。生活于始新世后期至渐新世的马，大小似羊。直到进入1000多万年前，马才从湿润的灌木林进入干燥的草原，四肢变

① 马类的祖先叫作始马，又称始祖马，最早出现在第三纪始新世的初期。直到第四纪才逐渐进化为现代“真马”。

长，体格增大，才有了今天的“高头大马”。

普氏野马曾经生存繁育于我国新疆北部准噶尔盆地北塔山和甘肃、内蒙交界的马鬃山一带，以及蒙古国的干旱荒漠草原地带。1878 年，沙俄军官普热瓦尔斯基率领探险队先后 3 次进入准噶尔盆地捕获、采集野马标本，并于 1881 年由沙俄学者波利亚科夫正式定名为“普氏野马”。

由于人类无情的猎杀、栖息地生态环境的恶化等多重原因，普氏野马于上个世纪中叶在野外灭绝。目前，全世界仅有的普氏野马不足 1500 匹，是比大熊猫还要珍稀的物种。

1971 年，我国新疆的猎人曾看到过单匹的野马，这是我国发现普氏野马的最近的记录，但其数量已无法形成最低有效种群，难以维持一个物种的生存。

1977 年，3 位荷兰鹿特丹人创立了普氏野马保护基金会。

2010 年 9 月，7 匹普氏野马由甘肃濒危动物研究中心运抵甘肃敦煌西湖国家级自然保护区，重返大自然。这是继我国 1985 年从英、美、德等国引进 24 匹人工圈养的普氏野马在新疆放养后，首次在甘肃探索野马放归。普氏野马再次踏上重返“原生地”之旅。

十多年的时间过去了，放归敦煌西湖国家级自然保护区的普氏野马生活得好吗？日前，保护区再次向我打开了放归野马和野骆驼的大围栏。

放归野马，在年蒸发量是降水量 60 多倍的地方

敦煌位于整个河西走廊的最西端。

那是 2012 年的夏天，我第一次为追寻普氏野马，来到敦煌。

走出敦煌机场的时候，还下着淅淅沥沥的小雨。

“好不容易成行，偏偏遇上下雨。”我心底里暗暗抱怨，继而期盼，“明天要去拍普氏野马，可千万不要下雨啊。一下雨，画面的色彩就灰掉了。”

但前来接机的敦煌西湖国家级自然保护区管理局科研科科长孙志成的话却让我感到意外：“你运气真好，赶上下雨天来敦煌。”

敦煌人喜欢下雨？

“我们敦煌一年的降水量只有 39.9 毫米，而年蒸发量平均为 2486 毫米。”他说。

39.9 毫米？在长三角地区，大概只能算一场中雨吧？这就是敦煌一年的降水量了？难怪。

“空气清新多了，”孙志成很享受地呼吸了几口湿润的空气，“你明天去野外正合适，蚊子也少多了。”

“一个年蒸发量是降水量60多倍的地方，普氏野马能在野外生存吗？”我不由得在心底里打了一个大大的问号。

车进敦煌市区，街上竟然没有一个打伞的行人。人们在小雨中惬意地走着，享受着大自然难得的甘霖。

敦煌西湖自然保护区在敦煌城区西部120千米处，也就是甘肃省的最西端，与新疆罗布泊接壤。总面积66万公顷，是我国西北极旱荒漠区一个集合了湿地、荒漠生态系统和野生动植物种群的大型自然保护区。新疆放归野马的卡拉麦里自然保护区属荒漠草原，而敦煌的疏勒河流域属极端干旱区内的湿地环境，两者完全不同，敦煌放归普氏野马可以测试该物种适应环境的能力。在我国人口众多、动物栖息地严重不足的情况下，是一项有益的科学探索。

年降水量如此稀少，敦煌的生态系统是如何维持的呢？

敦煌绿洲及自然保护区的生命主要依靠雪山融水维持。在保护区南部的西祁连山和东阿尔金山，每年有大量的雪水渗入地下，主要通过地下径流，在敦煌的低海拔地区渗出，然后以涌泉的方式加入地表径流，滋润并养育着敦煌的万物。

正是这独特的生态系统，使年降水量如此稀少的敦煌，竟然能令人难以置信地保存着一片永久性沼泽湿地。冬天，西祁连山和东阿尔金山大雪封山，而敦煌却不见雪，正是一年中最干旱的季节。

敦煌冬天不见雪？这让原本以为敦煌冬天大雪覆盖的我颇为意外。

到了才知敦煌冬天很少下雪，即使下一点也无法留存覆盖地面。

而冬天没有大雪覆盖，这正是选择敦煌西湖自然保护区放归野马的重要原因之一：便于野马觅食生存。

疏勒河，只看见龟裂的河床

第二天一大早，我从敦煌直奔西湖国家级自然保护区。

车在灰戈壁上颠簸西行，一座座历尽沧桑的长城烽燧、一堵堵汉长城的城墙遗址，从车窗外飞快地掠过。

普氏野马的放归地，选在玉门关保护站管辖的玉门关保护区内的马圈湾、后坑等地。

“马圈湾？”这一地名让我颇感好奇：过去这里就是养马的地方吗？

“是啊，这个地名起码有 2000 年了。”一路上，孙志成向我介绍说，相传公元前 120 年，一个河南南阳的小官名叫暴利长，因犯罪被充军到敦煌，在敦煌西边的湿地一带放牧。他发现经常到湖边饮水的马匹中，有一匹不同寻常的野马。于是，他就用红土在湖边做了一个手持套马索的泥人，在野马多次反复经过泥人、对泥人习以为常以后，暴利长将自己打扮成泥人模样后手持套马索站在湖边。失去了警惕的野马再次经过泥人时，被暴利长一举擒获。暴利长得知汉武帝特别喜欢好马，于是就将此马献给汉武帝，说此马是从云水间所得。汉武帝大喜，于是特赦了暴利长，且即兴赋诗一首：“太一贡兮天马下，沾赤汗兮沫流赭。骋容与兮跇万里，今安匹兮龙为友。”

“关于暴利长献给汉武帝的马，迄今有两种传说：一是汗血宝马；二是普氏野马。”孙志成说，“无论是哪种马，都说明马圈湾、渥洼池一带早在 2000 多年前就有马匹生存繁衍。在马圈湾放养普氏野马，是希望野马能更加适应那里的野外环境。”

但野外的环境并不乐观。车过一座不足 10 米长的小桥时，孙志成说，这就是疏勒河。

我急忙让司机停车：疏勒河赫赫有名，但……河在哪里？下得车来，桥下的河道里只见龟裂的河床，不见河水，昨天的那场雨早已消失在久旱的河底。枯黄的野草、骆驼刺、白刺和泡泡刺，稀稀落落地生长着，已经分不清河床和河岸。

据史书记载，清朝雍正年间，陕甘总督、抚西大将军岳钟琪进军哈密，曾利用疏勒河通水行舟，运输粮草，当年的河岸旁遍布芦苇、红柳和梧桐树。

疏勒河，你要么流淌河水，要么就流淌伤痛。

孙志成说，我们敦煌人想起疏勒河干了就难过。

痛别疏勒河，我们的车轮奔向北塞山。

轮下的戈壁，颜色开始发黑，疏勒河彼岸竟然是黑戈壁。

失踪的母马，留下了永远的谜

时任玉门关保护站站长的常斐，从部队复员后就到保护区工作，至今已是第六个年头。

我换上护林员的迷彩服后，在孙志成和常斐的带领下，出发追踪野马。路上，两位向我讲述野马的故事：

“2010 年 9 月，听到有 7 匹普氏野马要来我们保护区，就放养在我们马圈湾，大家又激动又担心。”常斐回忆道。

为迎接普氏野马的到来，常斐他们忙活了好多天。先是用 50 毫米粗的钢管做了一大一小两个围栏，小围栏是准备野马运抵马圈湾后，让它们临时过渡适应用的，而大围栏足有 5 万多亩大，就是野马放归后的家。

这精心选择的 5 万多亩地，水草丰沛，是敦煌西湖国家级自然保护区湿地中的精华部分。常斐他们还特意挖大了湿地中的多处泉眼，让泉水的流量更大。因为前来指导的甘肃濒危动物研究中心的专家说，普氏野马的饮水量较大。

但从专业的角度说，给普氏野马 5 万多亩地的家，还不是真正意义上的野化放归，只能说是“半野化放归”，作为真正野化放归的过渡版。而真正的野化放归，就是给普氏野马一个没有围栏、可任意驰骋的天地。

9 月 21 日，运送普氏野马的车队从武威抵达马圈湾。普氏野马刚一落地，常斐的第一眼竟觉得：这不是野驴吗？

这毫不奇怪，很多人都曾将野驴误作普氏野马。常斐在部队从未与野马打过交道，但家马是见过的。普氏野马与家马的外形确实有很大不同：普氏野马的头部较大而短钝，脖颈短粗，肩高 1.1 米左右，外形远没有荷兰温血马、北非柏布马和新疆伊犁马高大。荷兰温血马和伊犁马的肩高都在1.4米以上，甚至达到或超过1.6米，而且脖颈较长，颈上的鬃毛垂于颈部的两侧，甚至可以编成“辫子”，额头部还有长毛。而普氏野马的颈鬃短而直立，额部没有长毛。普氏野马的腿短而粗，也没有家马的腿来得长，小腿部颜色较深，被称为“踏青腿”。它的耳朵也比家马和野驴要小得多。

过去对普氏野马一无所知的护林员们，在甘肃濒危动物研究中心专家和管理局科研人员的指导下，开始了野马的放归工作。眼看天气转凉，他们买来了红萝卜、玉米、苜蓿草等，让初来乍到的野马尝鲜。

普氏野马的味觉有很强烈的偏好。马对苦味不敏感，但对甜味的记忆非常深刻，感受强烈。胡萝卜、玉米和苜蓿草正是它们的最爱。

在普氏野马到达马圈湾4天后的9月25日，常斐打开了小围栏的大门，将7匹野马放进5万亩地的大围栏。其中有2匹野马戴有GPS定位系统，但这套设备的电池有人的巴掌这么大，野马感觉太重太不舒服，没几天就弄掉了。

于是，常斐他们吃惊地发现：野马不见了。

野马去哪里了？

他们只得开上“皮卡”，满世界寻找消失的野马。

其实，野马的行动非常有规律。他们后来才发现：早晨，野马一般在红柳丛中休息；上午则在高地上晒太阳；黄昏之际，沿着较为固定的行走路线到溪边和泉眼喝水。

但有一匹成年雌性野马意外地失踪了。就在刚放养的两三天后，他们发现大围栏被撞出一个洞。甘肃濒危动物研究中心专家李岩向我证实：他参加过对失踪母马的搜寻，开车到保护区内所有野马可能去的地方，包括泉眼、湿地，到处搜寻，都没有发现那匹野马的踪迹，既没有出现过蹄印、粪便，也没有被野兽攻击侵害留下的尸骸。

会是狼攻击了母马吗？

大围栏 1.8 米高，狼确有翻越的能力。野狼处于整个保护区野生动物食物链的顶端，但两三头狼一般无法对付野马。这是因为野马和野骆驼的休息方式不一样，野骆驼是躺着休息的，为狼的袭击提供了机会；而野马是站着休息的，狼进攻的难度很大。这是野马在长期进化过程中形成的自我保护模式。

失踪的母马，是野马放归中永远的谜。

这也曾让敦煌西湖自然保护区管理局顾虑重重，一度婉拒媒体的采访。对此，国家林业局的专家说，这件“怪事”发生在野化放归过程中，是正常的。既然是野化放归，野马肯定要面对人都无法完全预料的挑战。我们人找不到它了，是不是恰好说明放归激发了普氏野马沉睡的“野性”，不正是说明它“野化”了吗?

一路上，我们的车没有发现仍在保护区的 6 匹野马的踪迹。车抵羊圈湾，这里有个十来米高的瞭望塔。孙志成在塔上架起 80 倍的望远镜开始搜索：远处，镜头里出现了 3 匹野马的影子，真有一个野马“家庭”在马圈湾!

野马的警戒距离和逃跑距离

车奔马圈湾。

常斐告诉我，野马刚到这里时，经常打斗。开始他们也弄不清野马为什么打斗，打斗了几个月后，到次年的 5 月，6 匹马分成了 2 个“家庭”：一匹公马带领 2 匹母马；另 3 匹成年公马组成一个家庭。原来，这是“头马争夺战”。

令人称奇的是，一匹公马带 2 匹母马的“家庭”，对护林员非常“亲近”；而 3 匹公马组成的“家庭”，生存已经完全不依靠护林员的帮助，对人类极为警惕，护林员已难以接近。来自同一个人工繁育的野马种群的后代，竟然出现了两种完全不同的社群结构和行为模式。

路上，孙志成不断地安慰我："你放心，这一公两母的'家庭'你肯定可以拍到；能不能拍到3匹公马要靠运气。"

果然，站在马圈湾坡上的一公两母的"家庭"，在见到护林员后，没有扬蹄逃遁。常斐说，如今他们已经完全不给野马喂料，只在冬天因泉水太少，每天傍晚将冻住的泉眼砸开，让野马能饮水。这样的"保护"，依然让这个野马的"家庭"对他们亲近有加。

初次见到野马的我抚摸一匹2008年生的母马时，母马甚至侧过脸来，陶醉的模样简直让人心疼。

常斐说：马现在站在坡上，是因为坡上风大，可以避开蚊子、牛氓的叮咬。

自然保护区内蚊子密集，当地人是这么形容的："你将赶羊的鞭子往天上一扔，蚊子都能把鞭子衔走。"

另3匹公马可没这么好找。车抵后坑，停在坡上，护林员跳上皮卡车顶，用望远镜反复搜寻，终于发现了它们在1

千米外的红柳丛中。

前面是一大片湿地，我们必须绕行。穿过密密的芦苇和野罗布麻，野马终于出现在五六百米远的前方。

但一匹公马已经警惕地望着来客。马的听力和嗅觉实在太好了，虽然各国科学家们还没有对马的听力究竟有多强，拿出量化的实验数据，但一般而言，野马的听力要好于视力，而且所能听见的声波范畴要宽于人类。这有利于尽早发现危险源，是野马长期进化的结果。

停车熄火，我向那 3 匹公马组成的“家庭”悄悄进发。

我前进了百米左右，马群开始不安，随即向侧后方转移。

3 匹公马后撤了百米左右，停在野罗布麻和红柳丛边，继续观察动静。

我弯下腰，借助起伏的地形和芦苇、野麻、红柳等隐蔽物，再次向野马悄悄接近。

当前进百米的我再次露头举起相机时，3 匹野马立即发现了“入侵者”，撒开四蹄绝尘而去。

多次试图接近这群野马后，我在野马心目中的“危险等级”大大提高了。这说明这群野马已经建立了与人类的“最低安全距离”。

普氏野马放归野化并不简单，也许还处于探索、希望和困难并存的阶段，还面临很多挑战。

野化放归的普氏野马冲出围栏，重返荒原。 郑 蔚 摄

野生动物一旦离开它们赖以生存的原生地，要使它们重返家园是一项极为困难的事，其中涉及生物学、社会及经济等诸多因素，其代价十分昂贵，要付出的努力还很多。

事实上，任何野生动物对危险源都有一个警戒距离和逃跑距离，两者呈正相关。因野生的普氏野马已消失，人们不知道普氏野马祖上的逃跑距离到底是多少，但从蒙古野驴的逃跑距离看，大约是 300 ~ 500 米。

从野马两次“后撤”的距离判断，这群野马的警戒距离在七八百米左右，而逃跑距离在四五百米之间。

野化放归，行走在科学探索的路上

回程路上，我们的车还没有离开马圈湾，一场沙尘暴已经从西边紧追而来。原来瓦蓝的天空顿时昏黄一片，沙子打得车窗玻璃直响，一直钻进了车里。

我原本以为野狼是野马放归的最大天敌，现在看来我错了。孙志成认为最大的天敌是缺水，水源应该是主要的制约因子。但在敦煌西湖保护区开展这项试验，更有利于恢复野马的野生习性。

中国是普氏野马的原产地之一，这个珍稀且有着精神和文化内涵的物种重返故里，这不仅是国家的光荣，也是社会各界关爱野生动物和珍稀物种的象征，而国际社会推动此项工作主要是出于哪些方面的考虑呢?

主要有两点。其一，圈养野马的种群数量迅速增长，动物园有限的空间难以支撑越来越多的圈养种群。目前，世界各地圈养的普氏野马已接近 2000 匹。其二，长期生活于人工条件下的野马，野性逐代丧失，长此以往，难以保持野马的固有生物学特征。

国际上对野马的保种给予了很高的重视，全球野马管理计划的两个目标为：将野马再引至原生环境，并且保持现存圈养野马种群 90% 以上的遗传多样性。我国和蒙古国是近代普氏野马的原生地，当然也就寄托着野马回归自然栖息地的愿望。

这里要说明的是，野生动物的再引入和野化这两个概念并不相同，两者存在很大的差别。野生动物重返原产地具有两个层面上的含义：使处于野生生活状态的物种重返原产地，称之为再引入，是一项相对简单的保护生物学措施；而对于在圈养条件下繁殖生长，已习惯了圈养生活且部分失去野生性状的物种，使其重返原产地并重新获得野生习性，称之为野化，是一项极其复杂的保护生物学工程。

普氏野马放归的主要难度是什么呢?

北京林业大学生物科学与技术学院教授胡德夫说，国内外的放归经验表明，物种越大，行为特性越复杂，回归自然环境的成功几率越小。野马是大型哺乳动物，具有复杂的社群行为。现存野马是长期人工饲养条件下的后代，可以推测野马回归自然环境的难度。野马回归自然环境面临着六大难关：一是适应自然环境中的食物和水源，二是抵御天敌，三是度过生存条件严酷的冬季，四是成功繁育后代，五是与有相似资源需求的其他食草动物竞争生存资源，六是维持种群遗传多样性水平。每一关口都关系到野马回归自然的成败。考虑到野马放归和野化的难度，我国选择了“软放归”，即在放归初期的相当时期内，仍然跟踪和监测野马群的活动，记录放归过程中的科学数据，及时评价放归进程中出现的问题及解决方案。

敦煌西湖保护区的6匹野马为什么分成两个对人类态度迥异的“家庭”呢？因为普氏野马的社群结构分为家庭群和全雄群。家庭群担负着繁育、护幼的责任，由于曾有圈养的记忆，因此对人依赖性很强。而全雄群一般都是青年雄马或被淘汰的头马组成，群体内也有等级序列高低之分，等级最高的公马统领全群。由于这个群体仅存在保护自身的问题，尚存在一定的野性，因此会表现出对人类不同的行为反应。

胡德夫告诉我，普氏野马“野化放归”成功的标志，应该是放归种群的野化子一代成功繁育了野化子二代，且种群数量和分布面积处于扩展或稳定状态。

其实，“一公两母”的“家庭”对于野马来说还是太小，一个较为合理的野马放归种群的组成应当是：一匹头马和 5 匹成年母马，以及五六匹幼驹，总数量达到 12 匹左右。这样的规模和结构，有利于野马群对付天敌、保护幼驹和物种。

为此，甘肃有关部门计划当年秋天再将一批野马放归西湖自然保护区，使野马放归的种群结构更为合理。

那么在普氏野马放归过程中，遇到过哪些挑战呢？

多年前，某保护区曾在人们的欢呼声中实施了一批普氏野马放归。然而，随着严冬的来临，放归的野马竟离开了监护人员的视线，消失了！救护队员们立即冒着严寒，全力寻找，最后在距离放归地点 80 余千米远的沙漠地带，终于发现了失踪多日的野马。令人痛心的是，一匹马驹已死亡，一匹成年雌马失踪，其余野马体质孱弱，若不进行紧急救护，整个马群有灭亡之忧。救护队费尽九牛二虎之力才将野马群引回大围栏内，把马群救了过来。原来，这个自然保护区是当地牧民及其畜群的越冬地。当牧民的家马群遇见野马群，家马群中的公马随即展开轮番进攻，试图抢夺野马群中的雌马。野马群的头马抵挡不过，只能率领众野马退却，遁入荒芜的大漠。可见，放归的野马毕竟还不是真正意义上的野马，它们已经被人工圈养了十多代，不知道如何躲避家马群的攻击，也不知道如何选择逃离路线，它们尚需要逐渐恢复和练就野外生存的本领。

那群野马的放归，竟然差一点就毁在家马群手里，这是科研人员事先没有想到的。由此可见，普氏野马放归野化并不简单，还处于探索、希望和困难并存的阶段，仍面临着很多挑战。

它给了我们一个深刻的启迪：野生动物一旦离开它们赖以生存的原生地，要使它们重返家园是一项极为困难的事，其中涉及生物学、社会及经济等诸多因素，其代价十分昂贵，要付出的努力还很多。

由此可见，普氏野马的野化放归，是极其复杂的工程，绝非一蹴而就的易事，仍有很长的路要走。

第二章：重返荒原

就在我“戈壁寻踪”那年秋天，在人们的欢呼和期待中，甘肃敦煌西湖国家级自然保护区马圈湾的小围栏终于打开了，21 匹普氏野马和 4 峰野骆驼，跑向了戈壁荒滩。这是甘肃第二次在西湖自然保护区放归野马，也是国内首次野化放归野骆驼。

当人们将目光投向普氏野马远去的身姿时，北京林业大学教授胡德夫提醒我：全世界仅存的野骆驼在 800 峰左右，就其稀有性、珍贵性来说，野骆驼堪比大熊猫。

这与此前有的媒体断言“野骆驼实际上比大熊猫还要珍贵”的说法显然不同。不得不认为“堪比”两字用得极好，虽然有一定的模糊性，但准确地表达了野骆驼十分珍贵的语义。

为什么再次选择在敦煌西湖保护区野化放归普氏野马和野骆驼？是这里水草丰沛，自然环境更适合这些野生动物生活吗？

“别无选择。”胡德夫用这四个字道出了人与野生动物的生存困境，“在长三角，哪个城市能拿出这么大一片地来放归野生动物？”

确实如此，即使自然环境保护得很好的德国，人工繁育普氏野马的技术一流，也无法实施普氏野马的野化放归。中国和蒙古，是世界上仅有的两个实施普氏野马野化放归的国家。

如果用卫星观测，从显域上看，敦煌属于荒漠。荒漠是个大概念，包括沙质、盐土、黄土、砾石荒漠等多种类型，砾石荒漠就是俗称的“戈壁”；而从细部也就是隐域上来看，敦煌西湖自然保护区属于荒漠湿地系统，适合野生动物生存。

正是茫茫戈壁滩挡住了农耕文明的脚步，才为普氏野马、野骆驼在此留下了“最后一片净土”。

像呼伦贝尔草原牧草丰盛，也很适合野马定居，可我们能去那里放归么？野马去了，那里的牧民和那么多家马怎么办呢？

放归野马不仅是生物学问题，还是复杂的社会经济学问题。

别无选择。

人类能做的就是好好保护这片荒漠中的湿地，保护生存其间的普氏野马和野骆驼。

野化放归，精心挑选种群

那年秋天，我再次来到敦煌，得知此次放归的普氏野马、野骆驼定于 9 月 3 日下午从甘肃濒危动物保护中心启程，穿越河西走廊运到敦煌，我和同事赵征南提前赶到了武威。

此时的甘肃濒危动物保护中心沉浸在即将“嫁女”的气氛中，如同一场婚礼前夕的娘家人，个个喜悦、忙碌而紧张。

按国际上有关规定：凡保护动物不准买卖。因此普氏野马种源的引进，只能以双方交换来完成，用白唇鹿等珍稀动物交换同样珍稀的普氏野马。1989 年，北京动物园从美国圣地亚哥动物园引进了 4 匹普氏野马；1990 年从德国柏林泰尔公园引进 6 匹；1994 年从德国慕尼黑动物园引进 8 匹。这 18 匹野马，已繁育成活了七代至八代总共 65 匹后代，其中 12 匹调往上海、秦皇岛、杭州等地的野生动物园。

为实施“野马返乡”计划，他们制定了野化放归分步实施方案：“适应性饲养—栏养繁育—半自然散放试验—自然散放试验—自然生活”。两年前，这里繁育的 7 匹普氏野马，已在敦煌西湖国家级自然保护区试验性野化放归，不久前成功地产下了子一代马驹“烈火”。

这次从现存的 54 匹野马中挑出 21 匹野化放归，选择的标准是什么呢？保护中心总兽医师李岩告诉我："首先体格要强壮；其次，我们希望野马将来能分成 2 个种群，因此放归时为每个种群各准备了 2 头七八岁的成年公马，作为头马的候选者。"因为野马是群居动物，头马在引领马群寻找水源、食物，抵御天敌等方面起着至关重要的作用。

而保护中心繁育的国内最大的野骆驼种群的来源，则是来自野外濒危的野骆驼。野骆驼全名叫"野生双峰驼"，是世界上仅存的真驼属野生种，它的同族兄弟"野生单峰驼"早在数百年前就已经灭绝，它们生活在蒙古国和我国西北一带的荒漠戈壁，是国际贸易公约一级濒危物种，也是我国一级保护野生动物。

野骆驼和家骆驼有何区别？过去生物学家曾认为家骆驼就是驯化后的野骆驼，而现代生物学已经有了新的结论。李岩说，野骆驼的遗传基因与家骆驼有明显差别，达到了 3%，尽管这个差别看起来不大，但人和猩猩在遗传基因上的差别也不过 5% 左右。这说明野骆驼和家骆驼分属两个不同的种，而这两个种分叉的节点可能早在 85 万年前。

此次野化放归，保护中心从 10 峰野骆驼中精选出来的

2 峰母骆驼，被取名为“武武”和“威威”。这是因为在敦煌已有 2 峰公骆驼“敦敦”和“煌煌”在等候与它们结缘。

敦煌的那两峰公骆驼“敦敦”和“煌煌”，也来自获得救助的濒危的野骆驼。

说到当年救助“敦敦”和“煌煌”，那是 2008 年 4 月 23 日，保护区的一位护林员驾车进入沙漠巡护，突然看到前方有一个小黑点，他有点好奇，立即驾车前往察看。车越走越近，那黑点不像别的野生动物那样只要一见人车靠近就会立马飞跑躲避，而是自己站起身，迎着小车跑来。护林员定睛一看，哈，是峰小野骆驼！

母驼通常在一年的秋冬季怀孕，每胎一仔，孕期为 13 个月，在第二年的四五月间产仔。母驼临产前，会离开驼群，单独前往一个只有它知道的适合产仔的地方生产。看上去这峰小骆驼生下来不过一周左右，似乎刚刚会走路，很可能是年轻母驼的头胎。他听当地专门驯养家驼的驼工们说过，年轻的母驼生第一胎时，心理上还没有做好当母亲的准备，还不知道怎么哺育和带大小驼。所以如果刚生下小驼就遭遇汽车驶过等意外情况的惊扰，母驼很容易抛下小驼独自躲避。

而这峰小野骆驼可能从来没有见过人，也不知道害怕。

当时，护林员的车上也没有可以喂它吃的食物，就赶紧拧开矿泉水的瓶子，给小驼喂水。小驼也真渴了，摇着尾巴喝得挺欢，护林员就将它抱上了车。这一抱，感觉小驼有二三十斤重。然后，他直接将车开到保护区里的芦草井保护站，将小驼养在保护站里。保护站的护林员可喜欢它了，大家花钱买来袋装的牛奶喂它，给它起名“敦敦”。等到“敦敦”喝掉了好几吨袋奶，就长大了。

而“煌煌”被救助时，看上去已经满月了，满月的小驼已经有七八十斤重。那是 2009 年 5 月 29 日，一位在保护区内雅丹地质公园工作的员工在路上发现了孤零零的“煌煌”，就将它抱回家养了起来，然后打电话向保护区报告了此事。这位热心人将“煌煌”养了 3 年，直到 2012 年它快成年了，作为个人实在难以驯养这么一峰大骆驼才将它送到了保护区。

按野骆驼群的社会结构，野骆驼通常 4 岁左右性成熟，性成熟的年轻公驼通常要离开原来的驼群，加入公驼群，待它更强壮了再来争夺家庭群的头驼的位置。

这次野化放归，“敦敦”和“煌煌”，一个是已经性成熟的公驼，一个是将要性成熟的公驼，都是血气方刚的年轻骆驼。而未来将要与它们结为伴侣的“武武”和“威威”，也是年方二八的“豆蔻少女”。专家们都如同家有适婚儿女的父母一样，内心热切地期盼着它们佳偶天成。

野马装箱，只得“吹管麻醉”

9月3日早晨6点半，天还没有亮透，保护中心的工作人员就开始将野马装箱。

他们为每一匹野马准备了一个长2米、宽0.6米、高1.6米的箱子。首选的装箱计划是“穿笼”，就是将野马依次赶进铁围栏围成的“小巷”，“小巷”的出口就是运马箱。野马对人高度警惕，2个小时过去，只有2匹野马“穿笼”。

只能实施吹管麻醉这一备用方案了。业务科长赵建友是吹管好手，他走进马圈，将2米长的吹管对准三四米外的野马，找准时机吹出麻醉针管。只见一支带着红色尾翼的针管，“嗖”地扎在野马脖子上。大约过了5分钟，麻醉药发挥作用，野马速度放慢，渐失抵抗能力，工作人员乘势一拥而上，将马装进运马箱。然后由兽医向箱内的野马静脉内注入解药，不到一分钟，野马就“醒”了过来。

可别小看“吹管”的本事，前一天赵建友手把手教过我：吹出的针管和普通针管不同，实际上是一支自动注射器。注射器分为两部分，前端是药剂管，后端是气压管。针头也不一样，一般的针孔在针头的最前端，而它则在侧面。使用时，先抽入麻醉药，再在针孔上加个橡胶堵头，然后用大注射器向气压管内注射 12 毫升空气，最后在气压管后端装上尾翼以保持飞行时的平衡，这样麻醉针就做好了。当它射入动物体内后，橡胶堵头被戳穿，不再堵住针孔，气压管内的压力就发挥作用，将麻醉药自动注入动物体内。

我曾尝试着用吹管吹出麻醉针管，用尽力气连吹 6 次，可针管就是赖在吹管里不出来。可见吹管不是外行能“吹”的活，真要有经验和技巧才能吹好。

而装运 2 峰野骆驼，几乎成了“人驼大战”。野骆驼的奔跑速度每小时可达四五十千米，只见十多名工作人员围着一峰骆驼，先由“神套手”王军将野骆驼套上，工作人员才一拥而上，将野骆驼按它正常的卧姿捆绑好，以免它在十六七个小时的运输途中难受。工作人员还细心地在运送野骆驼的卡车车厢里铺上了厚厚一层沙子，以模拟其日常的生活环境。

下午 2 点 10 分，护送车队从武威出发，沿连霍高速直奔千里外的敦煌。

千里运送，最忧抵达之后

千里跋涉，通宵行车，谁不盼着尽快抵达？

但是，车队却宣布了一条纪律：慢开慢停，逐步加速，以马（骆驼）为重。

野马从来没有坐过车，很有可能要“晕车”；再说，它们要在心理高度紧张的情况下连续站立十六七个小时，生理上也很累。如果快行急停，就有可能伤到野马。

傍晚 6 时，车队在山丹服务区对野马进行首次喂食，喂的是多汁的胡萝卜。晚上 11 点，再次停车，检查野马、野骆驼状况，一切正常。

9 月 4 日早晨 7 点半，太阳刚升起在地平线上，车队顺利抵达敦煌西湖国家级自然保护区。保护区总面积 66 万公顷，约占敦煌市总面积的 21%，其中核心区 19.8 万公顷，缓冲区 14.575 万公顷，实验区 31.625 万公顷。野马和野骆驼的新家位于缓冲区的马圈湾。按照国家有关规定，自然保护区的核心区绝对不允许有经营性活动，就是科研活动也最好安排在实验区。

累了一个通宵，我本以为野马、野骆驼抵达保护区就万事大吉了，岂料保护中心的工作人员更加紧张。原来，过去某地曾将野马长途跋涉运出，结果打开运马箱之后，发现有多匹野马因劳累、紧张而突发心肌梗塞，走了两三步就倒地不起。

原来，食草动物的心肌弹性比较差，一遇到陌生环境容易紧张，血压升高、心跳过快，引发心肌梗塞。如果摔倒，就很可能损伤心脏，再也站不起来了。为此，保护区为新来的野马安排了一块由小围栏围成的沙石地，作为缓冲区。沙石地提供了足够的硬度，防止野马走出箱后不适应而摔倒。

保护中心还随车带来了“家乡”的水和野马平时爱吃的紫花苜蓿草。看到最后一匹野马也吃上了“开口草”，大家悬着的心才放了下来。

母骆驼“武武”和“威威”，顺利地进入了2峰公骆驼“敦敦”和“煌煌”的圈栏。野骆驼不仅耐饥耐渴，还有能喝咸水的独特本领。正是野骆驼生存环境的恶化，令它们渐渐迁移到了沙漠戈壁的中心地带，那里人类无法生存，也没有淡水，就这么日复一日地喝咸水，让野骆驼的肝脏慢慢适应了咸水。在保护中心时，饲养员每周要喂它们一次咸水，每峰野骆驼的吃盐量竟达到一次 500 克的惊人水平。

敦煌西湖自然保护区里有没有咸水？这个问题李岩早就想到了。上次来考察时，他看到有的泉眼周围有盐花，特意捧了水喝：水是咸的，不用给野骆驼专门补盐了！

野性恢复，有待“野性呼唤”

野马、野骆驼运抵敦煌西湖保护区的次日，我再次前往“探营”。发现转移到大围栏里的野马群已很安详。北京林业大学胡德夫教授告诉我，野马仍处于适应期。

但有 2 匹公马已呈现“分群”的迹象，与整个野马群明显“隔离”。这说明，公马间的打斗已经发生。正说着，大圈里忽见 2 匹母马用后腿对踢。母马也会打架吗？这让我颇为好奇。胡教授解惑道，母马之间，也要用“决斗”的方法排序。马群内部有分工，并且与人类颇为相似，也是“男主外，女主内”，但在马群里首先喝水的不是头马，而是排序最高的母马。

既然是濒危动物种群的保护，就必须以濒危动物为本。

但让人担心的事——野骆驼对人过分依恋，有可能不愿回归大自然——在次日的野化放归仪式后果然发生了。当围栏打开，野马群消失在湿地的深处，4 峰野骆驼却任凭饲养员怎么赶也不肯离开围栏。一峰野骆驼在大围栏外溜达了一圈，一点也不给面子地撞开了饲养员拦在围栏上的铁栏杆，自顾自地又回到了围栏里。

胡德夫教授认为这并不奇怪："一般天敌少的动物更容易驯化。野骆驼生活的戈壁沙漠条件极端恶劣，豺狼虎豹无法生存，所以天敌较少。也因为天敌较少，它对异类的恐惧和警惕也相对较弱。长期的人工繁育，更是造成了它对人的依恋。这说明要恢复野骆驼的野性，有一个艰难的过程。"

怎么才能让这 4 峰野骆驼恢复野性呢？他认为，好在保护区内有未受人类干涉的野骆驼群，只有等它们遇上了全野化状态的野骆驼群，唤醒它们的野性才有可能。

据安装在保护区核心区的红外摄像机监测发现，生活在保护区内的野骆驼种群数约为 80 峰。"家养"的野骆驼期待着全野化的野骆驼种群"野性的呼唤"。

对此，兰州大学刘迺发教授也持相同观点："这些野骆驼从小就被人养着，过着‘饭来张口’的舒服日子。将来在野外如何找到水源和食物，如何躲避灾害和天敌，会有一个很长的适应过程。”

尽管对野化放归成功的初步标志是“野外产下全野化的子二代”这一说法没有疑义，但刘廼发教授仍很严肃地说：“现在还不是考虑这个问题的时候。种群的完全恢复，不光我这一代人看不到，下一代人也未必能看到。这是一个长期的过程，不能急。但我们充满信心，因为很多种群是从小种群发展起来的。”

这次放归的野马、野骆驼，都没使用 GPS 定位系统。而过去，对野外放归的动物进行监控主要靠 GPS 定位系统，但该系统运用在野马放归上效果不理想。

刘廼发教授建议说，随着无人机监测系统的成熟和成本的降低，我国应考虑在自然保护区引进无人机监测系统。无人机将 GPS、红外热成像、数字图像传输技术等结合于一身，在野生动物监测领域可以发挥巨大的优势，为研究人员提供最真实的第一手影像资料。同时，还可对盗猎者的取证调查、预警震慑、协同跟踪等起到很好效果，可谓一举多得。

“放虎归山”，需慎之又慎

在敦煌西湖国家级自然保护区普氏野马、野骆驼野外放归的现场，我见到了时任国家林业局野生动植物保护与自然保护区管理司的总工程师严旬，这为我更多地了解国家职能部门在宏观层面上对濒危野生动物野化放归的总体思路提供了机会。

我国濒危野生动物的放归是从何时起步的？目前在国际上处于什么水平？

严旬是位严谨而热忱的专家，他介绍说：“一个物种的保存需要三个条件：一是栖息地条件。老虎濒临灭绝就因为随着人口的增长和经济的发展，令老虎原有的大片栖息地为人的活动所占据，这意味着老虎失去了食物的来源；二是种群数量。食草动物要靠数量来维持种群的延续，而大型食肉动物占据食物链的顶端，要靠一定数量的食草动物来维持生存；三是一定的活动范围，也就是生存空间，所谓的‘动物天堂’被缩小了，或者破碎化了。要想在这几个方面有所改善，建立濒危野生动物保护区是最好的办法。”

1988 年我国《野生动物保护法》颁布以后，国家重点保护的野生动物种群数量呈总体上升态势，我国的野生动物保护进入了一个崭新的阶段，利用野化放归拯救濒危动物正式推广，改变了以往放归仅仅带有科学实验性质的情况。

现在，我国野化放归的成就，在国际科学界占有一席之地。国家一级保护动物如大熊猫、扬子鳄、蟒蛇等都实现了放归。目前，野化放归做得比较成功的濒危野生动物，有麋鹿、朱鹮和野马。

那么，我国在野化放归上有什么新的计划？比如，有消息说江西、湖北正在争取成为华南虎的野化放归地，老虎野化放归有没有时间表？

严旬说："老虎现在的数量非常稀少。东北虎的野外种群有 50 多只，主要分布在我国东北的吉林、黑龙江以及中俄交界处。华南虎更是很多年都没在野外觅得踪迹，全国人工饲养的华南虎有 100 多只。但是，对'放虎归山'这样的事我们还应慎重。因为老虎是猛兽，能伤人，放归会产生人虎冲突。还有，人工喂养的老虎吃的是饲养员准备好的肉，而野生虎则必须猎食活体动物，人工喂养的老虎是不是还具备这样的捕食能力？

"老虎是独居动物，雄虎和雌虎都有各自的领地，一头雄虎的领地范围约 1000 平方千米，雌虎约 300 ~ 400 平方千米。雄虎和雌虎在领地上可能会有重叠的区域，但雌虎和雌虎则不会，因此野化放归需要相当大的栖息地。现在我们正在做老虎放归的前期工作，也就是让吉林、黑龙江、江西和湖北将老虎活动的碎片化的栖息地连接起来，这项工作需要一定的时间。”

我很想知道，那些生下来就被人工繁育和驯养的野生动物，不但它们自己从来没有在野外生存过，可能它们的父母也没有在野外生存过，一旦野化放归后，它们能不能适应野外的生活？

严旬认为：“长期圈养的野生动物要在短时间内恢复野性确实很难。我们曾发现，人工繁育的大熊猫在野化放归后就打不过野生大熊猫。而野马跟家马和牛、羊相比，多了在无水草原生活的本领。由于野马奔跑能力强，它可以在没有水的地方吃草，然后跑到几十千米外的泉眼喝水，家马就没有这一能力，因此野化放归的野马需要时间去恢复这一本领。”

随着社会的进步，大家对野生动物的保护意识增强了，但基层的困难还是不少。野生动物多的地方往往是在老少边穷地区，因此工作条件差，设备不足，环境恶劣；其次，运行经费不足。一些濒危物种的人工繁育由于没有经费得不到改善，其野化放归更因经费缺乏而无法启动；有的地方政府在动物保护机构的人员编制、机构设置上还不完善。由于编制不足，待遇不好，迫切需要专业人才的基层难以招到大学毕业生。希望社会爱心人士通过多种渠道、多种方式支持野生动物保护工作，欢迎社会名人积极参与濒危动物的认养活动。

（感谢赵征南先生对本文的贡献。）

第三章：幸运地生活在一个格外珍惜它们的时代

甘肃敦煌西湖国家级自然保护区目前装有30部红外相机，发现保护区内野骆驼最大种群数量达54峰。“我们是一头一头认真数过的。”孙志成认真地说。

我请教在我国野骆驼集中分布区的野外工作了10多年的专家薛亚东，他见过的最大的野骆驼群有多少头？

他说：“我见过好多次二三十峰野骆驼一群的。这不算多，听我们沙漠科考的老专家说，他们年轻时在西北地区出野外，见到过最多有200多峰一群的野骆驼，真是气势浩荡。”

从曾经的200多峰一大群，到现在的二三十峰、50多峰一群，这数据对野生动物专家来说，意味着什么？这数据对野骆驼种群来说，又意味着什么？

7万平方千米上奔跑着680峰野骆驼

随着全民保护野生动物意识的不断增强和我国生态环境的持续改善，近年来，普氏野马、野骆驼等濒危野生动物的种群正在不同程度地恢复中。

我国野骆驼主要分布在3个地区：库姆塔格沙漠周边地区、塔克拉玛干沙漠和中蒙边境地区。其中，库姆塔格沙漠周边的3个野骆驼自然保护区构成了我国野骆驼分布的核心地区。这3个自然保护区是甘肃敦煌西湖国家级自然保护区，在甘肃阿克塞县的安南坝野骆驼国家级自然保护区和在新疆若羌县及周边的罗布泊野骆驼国家级自然保护区。

罗布泊野骆驼国家级自然保护区的面积约6万平方千米，敦煌西湖国家级自然保护区和安南坝野骆驼国家级自然保护区两者的面积相加大约1万平方千米。这7万平方千米戈壁、荒滩和湿地里，目前生活着大约680峰野骆驼。加上生存在塔克拉玛干沙漠和中蒙边境地区的野骆驼，我国目前野骆驼的总数为750峰左右。

敦煌西湖国家级自然保护区自2010年9月首次放归普氏野马、2012年9月再次放归普氏野马和首次放归野骆驼以来，野化放归工作已积累了 10 多年的经验。如今，野化放归普氏野马、野骆驼的工作有了什么新变化？

2010 年首次放归普氏野马时，放归区大围栏的面积是 5 万亩，当时只放归了 7 匹普氏野马。到 2021 年年底，保护区放归的普氏野马达到了 76 匹，2022 年又喜添了 6 匹普氏野马，到 2023 年 7 月，普氏野马的总数超过了 90 匹。因为普氏野马和野骆驼种群的扩大，敦煌西湖国家级自然保护区为它们提供的大围栏放归区，也从最初的 5 万亩，扩容到了 15 万亩。

2012 年，敦煌西湖自然保护区首次放归了 4 峰野骆驼。到 2022 年 5 月，放归的野骆驼总数达到了 13 峰。这包括 2019 年 11 月野化放归的 4 峰野骆驼，那是敦煌西湖保护区进行的全野化放归，就是放归到保护区大围栏以外的大自然去，具体地点在甘肃和新疆交界的沙漠戈壁和阿尔金山的结合部区域。

没想到的是，2021 年，有一峰野骆驼从阿尔金山独自跑了回来。通过它佩戴的卫星跟踪定位项圈记录的数据可以看到，这峰野骆驼独自跑了 400 多千米，才回到了保护区下辖的玉门关保护站。所以，现在玉门关保护站这儿有 11 峰野骆驼，还有 2 峰仍在阿尔金山附近活动。

一峰野骆驼竟然能在时隔 2 年后，独自长跑 400 多千米回到自己的“家乡”，这真是非同一般的“马拉松”！由此可见，潜藏在它大脑神经元深处的“北斗导航系统”，一定是与生俱来，相当强悍而神秘的了！

普氏野马和野骆驼种群扩大的意义非凡。胡德夫教授说过，野化放归成功的标志，应该是野化放归种群的野化子一代成功繁育了野化子二代，且种群数量和分布面积处于扩展或稳定状态。2012 年，保护区成功繁育了普氏野马野化子二代“烈火”。现在，“烈火”已经是爷爷辈了，保护区已经成功繁育了野化子四代，这说明保护区野化放归是成功的。

关键的关键：水土保持和种源互换

保护地的生态环境质量如何，对野化放归种群的复壮有着至关重要的作用。水，在敦煌西湖自然保护区，对野生动植物来说是位居第一的环境影响因子。随着全球气候转暖，敦煌西湖自然保护区的生态环境有没有明显的好转？

2017 年，疏勒河在敦煌西湖自然保护区里一路向西流淌了足足 90 千米。这一年，在保护区内一个名叫“艾山井子”的地方，突然出现了一个湖。最初，湖面只有 1 平方千米左右，后来继续扩大，最大时湖面达到了近 3 平方千米。因为地处艾山井子，就取名为“艾山湖”，这下就一下子传开了。这是过去前所未有的事，确实让整个敦煌的市民兴奋了好一阵子。

但令人遗憾的是，这疏勒河的来水并不稳定。每年 3 月份疏勒河有水，如果当年降雨量大，疏勒河七八月份就会来水；如果降雨量偏低，直到 10 月份才来水，疏勒河大半年仍是断流。受地面径流量不稳定的影响，曾经湖面达 3 平方千米的艾山湖，如今湖面又缩减到 1.5 平方千米左右。水大的年份，疏勒河的终端——哈拉池，在 2017 年显现，2019 年时最大水面接近 20 平方千米，让敦煌西湖自然保护区的员工高兴坏了，因为艾山湖和哈拉池都是库姆塔格沙漠周边野骆驼的水源地。于是，保护区在疏勒河沿线和艾山湖、哈拉池增设了远程视频监控塔，发现大群野骆驼经常光顾这两个湖。但不幸的是，哈拉池于 2021 年再次干涸，真是“昙花一现”。

记得10年前敦煌的年降水量是39.9毫米，而年蒸发量平均为2486毫米。近年来，虽说多有青藏高原雪线后退抬升的报道，但敦煌的年降水量并未得到明显提升。敦煌气象部门公布的最新数字是年降雨量42.5毫米，年增长仅3毫米左右，可谓微乎其微；而当地的年蒸发量却大大提升，达到了2505毫米。

对放归区的普氏野马和野骆驼来说，水的紧缺可是实实在在的“民生问题”。在放归区里，分布着10个泉眼，但由于地下水位的下降，即使是夏天，泉眼也会干涸。通常每年的3月份，泉眼的水位最高，但之后就开始下降。5月份，泉眼的水就不多了。到9月份，好几口泉眼就干了。再到11月份，地下水位再次上升。但隆冬季节，大部分泉眼因出水量很少而结冰，保护区的护林员必须每天去泉眼为野马野骆驼砸冰，确保它们能充分饮水。

受宏观尺度的大气候条件的制约，这十年来，敦煌所在的库姆塔格沙漠地区的生态环境变化并不显著。这不仅体现在降水量的增加微乎其微，还表现在其地表植被在内的土地利用变化并不明显。

在整个大的时空尺度上的气候条件没有重大变化之前，

敦煌西湖自然保护区的生态环境依然不容乐观。

水是大家最担心的事，因为普氏野马对饮水的需求量很大。

最初放归的 7 匹普氏野马，除了 2012 年之前有 1 匹母马失踪以外，还有一公二母 3 匹组成了家庭群，其余 3 匹则组成了全雄群。如今，80 匹普氏野马组成了“火龙群”、“烈火群”、南大湖群等 6 个家庭群，另有两三个“婚姻关系”尚不稳定、时分时合的“伴侣群”，以及由 10 多匹公马组成的“全雄群”，还有多个孤独的“单枪匹马”。

这自然是“人强马壮”“人丁兴旺”的好事，但专家们却没有一味沉浸在“喜悦”中。因为如果普氏野马始终是在同一个种群内交配繁衍，遗传基因一代一代“复制”下去，将来因“近亲结婚”而导致的基因退化恐怕难以避免。

在西北地区研究野骆驼、雪豹、棕熊等珍稀濒危动物已逾十年的薛亚东博士指出，濒危野生动物种群退化的问题日渐突出，必须加以关注和解决。由于我国社会经济的发展，以及西部地区高速公路、高铁等基础设施的相继兴建，野骆驼的生境越来越“碎片化”了，这使得不同种群之间的野骆驼的基因交流变得非常困难。

近年来，通过给野骆驼佩戴的卫星跟踪定位项圈传回的数据发现，一峰野骆驼最大的活动范围甚至可以达到1万平方千米左右。这活动能力大大超出常人的想象，也许，这也从一个侧面说明，在目前的生境条件下，野骆驼为了自身生存和种族繁衍做出的努力有多大。

对于敦煌西湖自然保护区来说，改良种群将是保护区年内的一项重要工作。他们已经就此与新疆维吾尔自治区野马繁殖研究中心进行了接洽，这个研究中心是我国两个普氏野马引进和繁育研究机构之一，他们从1992年开始就在新疆卡拉麦里国家级自然保护区放归野马。卡拉麦里国家级自然保护区是我国第一个探索普氏野马野化放归的保护区，积累了丰富的经验。目前，两地专家正在就种群互换进行评估，待双方专家意见达成一致后，再向国家林草局正式申报。

如何有效改善野生动物栖息地用地，解决野生动物生境“碎片化”是一直以来的一个难题。目前，由于在国家的土地规划中既没有野生动物栖息地用地，也没有自然保护区用地这一项，因此野生动物栖息地还没有单列为一种土地使用类型。《土地法》也并没有规定，如果既是草场又是野生动物的栖息地，如何在开发和保护之间做出选择。因此，必须在《土地法》中明确规定野生动物栖息地作为土地用途的一个类型，才可能真正保证国家重点保护野生动物关键栖息地得到切实的保护和管理。

尽管从地球宏观尺度的气候等生态环境因素来说，今天的普氏野马和野骆驼未必生活在它们的祖先曾经生存过的气候最适宜、环境最友好的时代；但是，在中国科学家和各保护区的共同努力下，普氏野马和野骆驼，这西北荒漠上的神奇物种，却生活在一个人们格外珍惜它们的时代。